叫我第1名

事半的功倍

銷售成交術

序言

有人說：推銷是生生不息的循環，轉動這個循環的輪子就是售後服務，忽視售後服務無異於拆毀循環的輪子。你的事業來自於這個循環，你的業績來自於這個循環，你的推銷生涯來自於這個循環。

銷售人員在售出產品後，為了給以後的工作奠定良好的基礎，他們還會時刻關心老客戶，保持與他們的良好關係。因為不管他們承認與否，在這方面的任何失誤都會使推銷工作受到損失。而如果客戶對一切感到滿意的話，他就會成為忠實的客戶和朋友，也會介紹一些新的客戶。

做好售後服務是一個推銷人員業務可持續發展的基礎。而做好售後服務的關鍵，就是要不斷地回訪老客戶。因為如果銷售人員在產品售出後就不再露面，不去拜訪老客戶，他又如何知道客戶的需求、產品的不足，又如何做好售後服務呢？難道事事都要客戶打電話找他，或慢慢地等待他的到來嗎？如果是這樣的話，客戶很可能會失去對這個推銷人員的耐心和信任，甚至從此不再購買他的產品，因為，客戶會懷疑推銷人員的產品的品質，甚至他的為人。

贏得終身的客戶靠的不是一次重大的行動，要想建立永久的合作關係，你絕不能對各種服務掉以輕心。做到了這一點，客戶就會覺得你是一個可以依靠的人，因為你會迅速回電，按要求奉送產品資料等等。這些話聽起來是如此的簡單——確實也簡單，而且做到「幾十年如一日」的優質服務並不是什麼複雜困難的事，但它確實需要一種持之以恆的自律精神。

無論你推銷什麼，優質服務都是贏得永久客戶的重要因素。當你提供穩定可靠的服務，與你的客戶保持經常聯繫的時候，無論出現什麼問題，你都能與客戶一起努力去解決。但是，如果你只在出現重大問題時才去通知客戶，那你就很難博得他們的好感與合作。

推銷員的工作並不是簡單到從一樁交易到另一樁交易，把所有的精力都用來發展新的客戶，除此之外還必須花時間維護好與現有客戶來之不易的關係。糟糕的是，很多推銷員卻認為替客戶提供優質服務賺不了什麼錢。

乍一看，這種觀點好像很正確，因為停止服務可以騰出更多的時間去發現、爭取新的客戶。但是，事實卻不是那麼回事。人們的確欣賞高品質服務，他們願意一次又一次地回頭光顧你的生意，更重要的是，他們樂意介紹別人給你，這就是所謂的「滾雪球效應」。

最後，陶德鄧肯告訴我們：「服務，服務，再服務。為你的客戶提供持久的優質服務，使他們一有與別人合作的想法就會感到內疚不已！成功的推銷生涯正是建立在這類服務的基礎之上。」

目錄

Chapter 1 事半功倍說服術

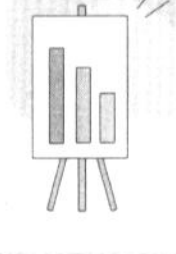

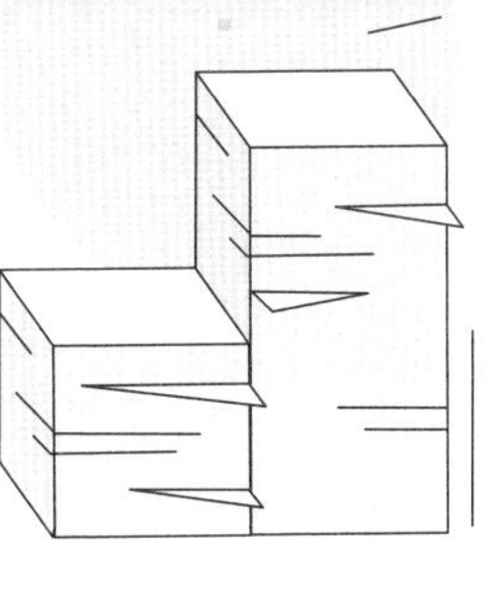

Chapter 2 最容易見效的推銷法則

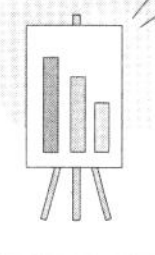

Chapter 3 事半功倍成交法則

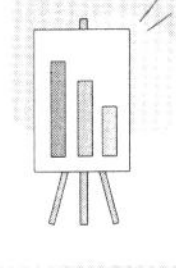

Chapter 4 讓你成為銷售冠軍

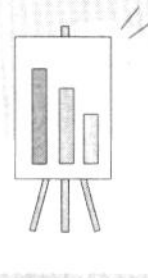

Chapter 5 向金牌推銷員學習

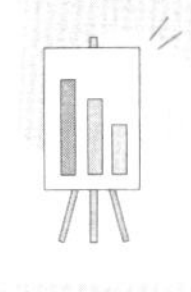

CHAPTER 1

事半功倍說服術

01 開門那一刻，就要打開顧客心門

臨時有機會交易時，對於客戶心中的想法還不知道，因此會面的開始非常重要。要引起聆聽者的注意，接著讓他產生興趣，也就是有動力聽你說話。

人常常在接受周圍的各種刺激，但對這些四面八方的刺激並非一視同仁，總是對於某些刺激特別敏感，在一剎那間會成為聆聽者當下的意識重心。假如聆聽者的大腦意識集中在說話者的談話內容上，那麼此刻聆聽者對於其他的刺激暫時都會不在意了。

舉個例子：

專心看電視的小朋友，任憑媽媽在旁邊怎麼喊叫，他都聽不見。又比如說參加考試的學生，當他集中注意力於試卷的題目上，專心思考時，對於窗外的噪音也不以為意了。

就是因為人類都有這種心理情況的緣故，所以必須把客戶的注意力集中到自己身上；客戶的心理，能夠因為講話的人高明的開場白而完全受吸引，換句話說，說話者的第一句話最具重要性，說的好可以有力地吸住客戶的興趣，在那可貴的一刻，兩人目光相接之時，許多錯綜複雜的心理作用就在客戶身上發生了。

在這剎那之間，推銷員所說的第一句話，能否讓對方一直聽到最後一句，決定在客戶對推銷員有沒有產生好感。雖說要儘可能在十秒鐘內把握住客戶的心，其實這個時間是越短越有利，要抓住客戶的心，最長也不可超過十秒鐘。

下面來參考幾個例子：

（住宅門口）「哦！這麼早！你在洗車嗎？我是ＸＸ公司的人，今天特地來訪問你。」

（農家門口）「哦！你好勤快喲！這麼大早就起來；現在蔬菜市價很便宜了。」「對呀，已經不夠本了；用車子把它運到果菜市場去，剛剛好夠汽油錢和裝箱錢！」

（在蔬菜攤）「你好！我是ＸＸ公司的。的確，你剛說的跟我所聽到的是一樣的啊！」

「什麼？你再說清楚一點。」

「也沒什麼啦！剛才有三位太太在講話。她們一致認為你這家所賣的蔬菜，要比其他家新鮮得多呢！」

上面列舉的開場白適用於臨時交易，經常交易的狀況則無需如此。但為了改變氣氛、掌握客戶心思起見，不妨也偶爾採取這類方式來聊天。

當你開門的那一刻，就要同時打開客戶的心門。

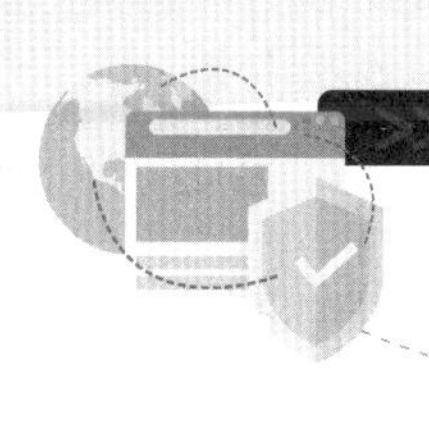

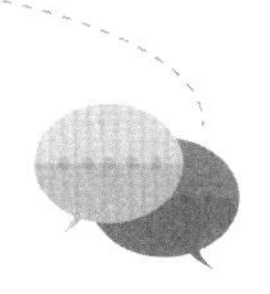

02 設計有創意的開場白

好的開始是成功的一半！開場白一定要有創意，預先做好充分準備，有好的劇本，才會有完美的表現。一開始可以談談客戶感興趣和關心的話題，投其所好。懂得欣賞別人就是一種尊重，客戶才會喜歡你；「心美」看什麼都順眼，客戶才會接納你。

如何有技巧、有禮貌地進行富創意的開場白及攀談呢？應當針對不同客戶的實際情況、身分、人格特徵及條件加以靈活運用，相互搭配。

在創意開場白的技巧上，有以下應注意的重點：

事先準備好相關的題材及幽默有趣的話題；應注意避免敏感性、容易引起爭辯的話題，為人處世要小心，但不要小心眼，例如宗教信仰的不同，政治立場的相左、及看法的差異等等。

另外像有欠風度的話，關於他人的隱私，及有損自己品德、或誇大吹牛的話不要講，在面對女性隱私時尤其要注意禮貌得不得體；還有得理要饒人，理直要氣和，而且一定要多稱讚客戶及與其有關的一切事物。

還可以以詢問的方式開始，「您知道目前最熱門、最新的暢銷商品是什麼嗎？」以肯定客戶的地位及社會的貢獻開始；以格言、諺言或有名的廣告詞當作開始，或以謙虛請教的方式開始。

可以儘量針對客戶的環境擺設、或從他切身的習慣、嗜好、興趣、所關心的事項開始。

也可以開源節流為話題，告訴客戶若購買本項產品將可能節省多少成本，可賺取多高的利潤，並告訴他「我專程來告訴您如何賺錢及節省成本的方法」。

可以用與某某單位合辦市場調查的方式為開始；可以用他人介紹而前來拜訪的方式開始；可以列舉名人、或有影響力的人的實際購買例子及使用後效果良好的例子為開始。

亦可以運用贈品、小禮物、紀念品、招待券等方式開始，或以提供試用試吃當作開始。

以動之以情、誘之以利、曉之以害的生動演出方式開始；以提供新構想、新商品知識的方式開始；以具震撼力的話語，吸引客戶有興趣繼續聽下去；以「這部機器一年內可讓您多賺幾百萬元」為開始……

萬事開頭難，做推銷更是如此。但是，作為一個專業推銷員是絕不能因此而放棄努力，應該在面對客戶之前，做好充分的準備，絞盡腦汁設計一個有創意的開場白。

03 進行產品比較，吸引顧客

賣蘋果的攤販把蘋果定為每斤五元。下班的時候到了，人潮擁擠，他大聲叫賣著：「五元一斤，跳樓大拍賣喔！」這樣的賣力吆喝卻只吸引來一些想撿便宜的客戶，生意差強人意。

這個賣蘋果的攤販回家後，自己不斷地推敲思考，到底是什麼原因使大部份顧客寧願去超市購買高價蘋果呢？而且超市的蘋果和自己的品種明明是相同的，為什麼蘋果價格越低越不好賣呢？終於他得到一個結論，並決定付諸實驗。

第二天，他把蘋果分為兩車，第一車蘋果仍然賣每斤五元，但和這車一樣的另一車蘋果則標價為每斤十元。果然不出所料，生意比前幾天好得多，而且還賺了不少。

回去後，其他的攤販問他為什麼這樣賣比之前更快、更賺錢，憨厚

的他只是笑了笑，告訴其他攤販跟著做就是了，他也不知道怎麼恰當的解釋。

這個小故事道理其實很簡單，攤販只不過運用了對比締結成交法，準確地抓住了顧客的購買心理。這種辦法其實適合任何推銷，而且簡單易行。

說起對比，一般人都能理解。其實，在推銷產品時，很多推銷員都曾運用過。比如說一個壽險推銷員去一戶人家推銷壽險，而該戶人家說他們已經買了保險，並且告訴推銷員是財產險。

接下來推銷員會怎樣開始推銷自己公司的壽險呢？很簡單，他把兩種保險做對比，找出財產險沒有涉及到而壽險有的益處，進而讓客戶感到原來壽險比財產險更有利於人身和財產的安全。

現代社會裡，有種觀念已經深植人心，這便是經常說的「好貨不便宜，便宜沒好貨」。有的大超市抓住客戶這樣的心理，把兩件明明一樣的衣服分為兩種價格，比如一件是五百元，一件是八百元。這樣有的客戶覺得八百元的用料一定比五百元的好，所以就寧願用高價買下八百元的這件，而有些顧客生活水準不高，卻想模仿高收入的人，所以虛榮心作祟下買了五百元的這件，回去還宣揚了一番，說自己買了件八百元的衣服。可笑的是，兩件衣服質地、加工都一樣，這就是顧客買東西的兩種心理。多去比較自己產品和同類的產品，吸引顧客購買是最終目的。

04

銷售不要隱瞞產品缺陷

美國康乃狄克州一家僅招收男生的私立學校校長知道，為了爭取好學生前來就讀，必須和其他一些男女合校的學校競爭。

在和有可能前來就讀的學生及學生家長碰面時，校長會問：「你們還考慮其他哪些學校？」通常被說出來的是一些聲名卓著的男女合校學校。校長便會露出一副深思的表情，然後他會說：「當然，我知道這個學校，但你想知道我們的不同點在哪裡嗎？」

接著，這位校長就會說：「我們的學校只招收男生。我們的不同點就是，我們的男學生不會為了別的事情而在學業上分心。你難道不認為，在學業上更專心有助於進入更好的大學，並且在大學也能很成功嗎？」

在招收單一性別學校越來越少的情況下，這家專收男生的學校不但存活了下來，而且培養出不錯的口碑。

「人云亦云」的推銷者懶惰、缺乏創意，而傑出的推銷員總是能找出自己產品與競爭產品不同的地方，並自然地讓顧客看到、感受到，進而讓顧客改變主意，購買自己的產品。既要講產品的特色，也要明確地講出產品的缺點。

俗話說「家醜不可外揚」，對推銷員來說，如果把自己產品的缺點講給客戶，無疑是在給自己漏氣，連老王賣瓜都知道自賣自誇，見多識廣的優秀推銷員怎麼能不誇讚自己的產品呢？

其實，宣揚自己產品的優點固然是推銷中不可缺少的，但這個原則在實際執行中是有一定靈活性的，就是在某些場合下，對某些特定的客戶，只講優點不一定對推銷有利。有些時候，適當地把產品的缺點暴露給客戶，是一種策略，一方面可以贏得客戶的信任，另一方面也能淡化產品的弱勢而強化優勢，適當地講一點自己產品的缺點，不但不會使顧客退卻，反而容易贏得他更深的信任，進而使他更樂於購買你的產品。因為每位客戶都知道，世上沒有完美的產品，就好像沒有完美的人，每件產品都會有缺點，面對顧客的疑問，要坦誠相告。

有位不動產經紀人負責推銷市區南邊的一塊土地，面積有一百二十坪，靠近車站，交通非常方便。但是，由於附近有一座鋼材加工廠，鐵錘敲打聲和大型研磨機的噪音不能不說是個缺點。

儘管如此，他還是打算向一些住在這個工廠區道路附近，在整天不停的噪音中生活的人推薦這塊土地。原因是位置、條件、價格都符合這些客人的要求，最重要的一點是他原來長期居住在噪音大的地區，已經有了某種抵抗力，他老實地對客人說明情況並帶他到現場去觀看。

這位經紀人說：「實際上這塊土地比周圍其他地方便宜得多，這主要是由於附近的工廠噪音大，如果對這一點並不在意的話，其他如價格、交通條件等都符合您的願望，買下來還是划算的。」

「您特意提出噪音問題，我原以為這裡的噪音大得嚇人呢，其實這些噪音對我來說不成問題，這是由於我一直住在十噸卡車引擎不停轟隆響的路邊。況且這裡一到下午五時噪音就停止了，不像我現在的住處，車一經過就震得門窗格格作響，我看這裡不錯。其他不動產經紀人都光講好處，像這種缺點都設法隱瞞起來，您把缺點講得一清二楚，我反而放心了」。

不用說，這次交易成功了，那位客人購買了這塊土地。

優秀的推銷員為什麼講出自己產品的缺點反而卻成功了呢？因為這個缺點是顯而易見的，即使不講出來，對方也一望即知，而選擇把它講出來只會顯示你的誠實，這是推銷員身上難得的特質，會使顧客對你增加信任，進而相信你向他推薦的產品的優點也是真的。最重要的是他相信了你的人品，那就好辦多了。

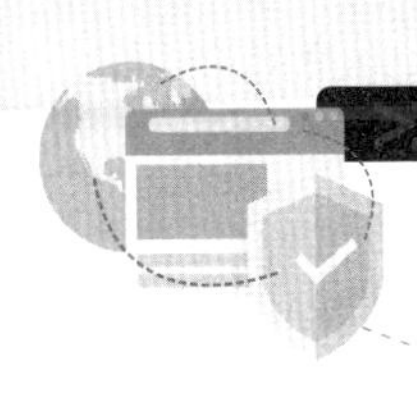

05 透過故事介紹產品

一家公司生產出了一種新的化妝品，叫做蘭牌綿羊油。公司的推銷員在銷售綿羊油的時候，沒有向顧客講綿羊油含有多少微量元素，是用什麼方法生產出來的，而是講了一個動人的故事：

很久以前，有一個國王。他是一個美食家，有個手藝精湛的廚師，能做出香甜可口的飯菜，國王對他十分滿意。

突然有一天，這位廚師的手莫名其妙地紅腫起來了，做出來的飯菜再也不像以前那麼好了，國王十分著急，下令御醫給廚師治病，可是御醫絞盡腦汁也弄不清楚這個病是怎麼得來的。廚師只好含淚離開王宮，開始了自己的流浪生涯。

後來一個好心的牧羊人收留了這位廚師。於是，這位廚師每天和這位牧羊人餐風露宿，放羊為生。放羊時，廚師就躺在草地中，一邊回想著過去的事，一邊用手撫摸著綿羊以發洩心中的悲憤。夏天的時候他就幫助牧羊人修剪羊毛。

有天，廚師驚奇地發現自己手上的紅腫不知不覺地消退了！他十分高興，告別了牧羊人，來到了王宮外，只見城牆上貼著一張紅榜，國王正向全國招聘廚師。廚師就撕掉紅榜前來應聘，這時人們早已認不出來衣衫襤褸的他了。國王品嘗了他做出的飯菜以後，覺得香甜可口，簡直和以前那位廚師做的一樣好吃，就把他叫了過來，發現果然是以前的那位廚師。

國王就非常好奇地問這位廚師，手上的紅腫怎麼消退了？廚師說不知道，但國王詳細地詢問了他離開王宮之後的情景，便斷定是綿羊毛使廚師手上的紅腫消退了。

這時，推銷員話鋒一轉，說道：「我們就是根據這個古老的故事，開發出了綿羊油。」然後很自然地進行產品推銷。

向顧客介紹產品的時候，講一、兩個小故事對推銷員來說是走向成功推銷的捷徑，只有顧客真正瞭解你所推銷的產品，你才可能獲得成功。

06 透過示範介紹產品

介紹產品時，除了善於講小故事外，適當的示範起的作用也是非常大的。一位推銷大師說過，「一次良好的示範勝過一千句話來說明」。

幾年來，一家大型電器公司一直向某所著名中學推銷他們的教室黑板照明設備。聯繫過無數次，說過無數好話，都沒有結果。

一位推銷員想出了一個主意。他抓住學校老師集中開會的機會，拿了根細細的不銹鋼棍站到講臺上，兩手各持棍子的一端，說：「各位老師們，我只耽擱大家一分鐘。你們看，我用力折這根棍子，它會變彎。但一鬆手，它就彈回去了。但是，如果我用的力超過了這根不銹鋼棍的最大承受力，它就再也不會自己變直的。孩子們的眼睛就像這根細細的棍子，假如視力遭受到的損害超過了眼睛所能承受的最大限度，視力也就無法再恢復，那將是花再多錢也無法彌補的。」

結果，學校當場就決定購買這家電器公司的照明設備。

有次，一位牙刷推銷員向一位羊毛衫批發商示範一種新式牙刷。牙刷推銷員把新舊牙刷展示給顧客的同時，給他一個放大鏡。牙刷推銷員會說：「用放大鏡看看，您就會發現兩種牙刷的不同。」

羊毛衫批發商學會了這一招。沒多久，那些靠低檔貨和他競爭的同行被他遠遠拋在後面，從那之後他永遠帶著放大鏡。

紐約有家服裝店的老闆在商店的櫥窗裡裝了一部電視，向路過的行人們放一部廣告片。片中，一個衣衫襤褸的人找工作時處處碰壁，第二位找工作的人卻西裝筆挺，結果很容易就找到了工作。結尾打出一行字：好的衣著就是好的投資。這一招使他的銷售額大增。

有人做過一項調查，結果顯示，假如能對視覺和聽覺同時做出訴求，其效果比僅只對聽覺訴求要大八倍。業務人員使用示範，就是用動作來取代言語，使整個銷售過程更生動，使整個銷售工作變得更容易。

優秀的推銷員明白，任何產品都可以拿來做示範。而且，五分鐘所表演的內容，比在十分鐘內能說明的內容還多。無論銷售的是債券、保

險或教育，任何產品都有一套示範的方法。他們把示範當成真正的銷售工具。

好產品不但要辯論，還需要示範，一個簡單的示範勝過千言萬語，其效果可讓你在一分鐘內，做出別人一個星期才能達成的業績。

示範為什麼會具有這麼好的效果呢？因為顧客喜歡看實際表演，並希望親眼看到事情是怎麼發生的。示範除了會引起大家的興趣之外，還可以使你在銷售的時候更具說服力。因為顧客既然親眼看到，所謂「眼見為憑」，腦子裡也就會對你所推銷的產品深信不疑。

平庸的推銷員常常以為他的產品是無形的，所以就無法拿什麼東西來示範。其實，無形的產品也能示範，雖然比有形產品要困難一些。對無形產品，你可以採用影片、圖表、相片等視覺輔助用具，至少這些工具可以使業務人員在介紹產品的時候，不至於顯得單調。

07 推銷中的提問技巧

推銷中有以下幾種提問方法，善於提問也是一種技巧。

一、限定型提問

在一個問題中提示兩個可供選擇的答案，兩個答案都是肯定的。

人們有種共同的心理——認為說「不」比說「是」更容易和更安全。所以，內行的推銷人員向顧客提問時，儘量設法不讓顧客說出「不」字來。比如，與顧客約定見面時間時，有經驗的推銷人員從來不會問顧客：「我可以在今天下午來見您嗎？」因為這種只能在「是」和「不」中選擇答案的問題，顧客多半只會說：「不行，我今天下午的時程實在太緊了，等我有空的時候再打電話約時間吧。」

有經驗的推銷人員會對顧客說：「您看我是今天下午兩點鐘來見您，還是三點鐘來？」「三點鐘來比較好。」當他說這句話時，你們的約定

已經達成了。

二、單刀直入法提問

這種方法要求推銷人員直接針對顧客的主要購買動機，開門見山地向其推銷，請看下面的例子：

門鈴響了，當男主人把門打開時，一個衣冠楚楚的人站在大門的臺階上說道：「家裡有高級的食品攪拌器嗎？」

男主人怔住了，這突然的一問使他不知怎樣回答才好。他轉過頭來詢問他的太太，女主人有點窘迫但又好奇地答道：「我們家有一個食品攪拌器，不過不是特別高級的。」

推銷人員回答說：「我這裡有一個高級的。」說著，他從提包裡拿出一個高級食品攪拌器。接著，不言而喻，這對夫婦接受了他的推銷。

假如這個推銷人員改一下說話方式，一開口就說：「我是　　公司推銷人員，我來是想問一下你們是否願意購買一個新型食品攪拌器。」想一想，這種推銷效果會如何呢？

三、連續肯定法提問

這個方法是指推銷人員所提的問題便於顧客用贊同的口吻來回答，也就是說，推銷人員讓顧客對推銷說明中所提出的一系列問題，連續地回答「是」，然後，等到要求簽訂單時，已形成有利的情況，好讓顧客再做一次肯定答覆。

比如說，推銷人員要尋求客源，事先未打招呼就打電話給新顧客，可以說：「很樂意和您談一次，提高貴公司的營業額對您一定很重要，是不是？（很少有人會說無所謂）」「好，我想向您介紹我們的產品。這將有助於您達到您的目標，日子會過得更瀟灑。您很想達到自己的目標，對不對？」……這樣讓顧客一路「是」到底。

運用連續肯定法，要求推銷人員要有準確的判斷能力和敏捷的思維能力。每個問題的提出都要經過仔細思考，特別要注意雙方對話的結構，使顧客沿著推銷人員的意圖做出肯定的回答。

四、誘發好奇心法提問

誘發好奇心的方法是在見面之初便直接向潛在的買主說明情況或提

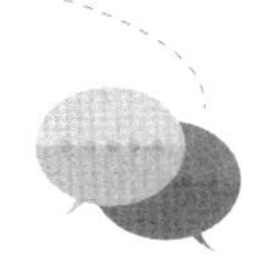

出問題，故意講些能夠激發他們好奇心的話，將他們的思想引到你可能為他提供的好處上。

譬如，推銷人員對一個多次拒絕見他的顧客遞上一張紙條，上面寫道；「請您給我十分鐘好嗎？我想為一個生意上的問題徵求您的意見。」紙條誘發了採購經理的好奇心——他要向我請教什麼問題呢？同時也滿足了他的虛榮心——他向我請教！這樣，結果很明顯，推銷人員得到機會應邀進入辦公室。

五、刺蝟反應提問

在各種促進買賣成交的提問中，「刺蝟」反應技巧是很有效的。所謂「刺蝟」反應，其特點就是你用一個問題來回答顧客提出的問題，用自己的問題來控制你和顧客的洽談，把談話引向銷售程式的下一步。讓我們看一看「刺蝟」反應式的提問法。

顧客：「這項保險中有沒有現金價值？」

推銷人員；「您很看重保險單是否具有現金價值的問題嗎？」

顧客：「絕對不是。我只是不想為現金價值支付任何額外的金額。」

對於這個顧客，你若一味向他推銷現金價值，你就會把自己推到河裡去，一沉到底。這個人不想為現金價值付錢，因為他不想把現金價值當成一樁利益。這時，你應該向他解釋現金價值這個名詞的含義，提高他在這方面的認識。

一般地說，提問要比講述好。但要提出有份量的問題並不容易。簡而言之，提問要掌握兩個要點：

提出探索式的問題

發現顧客的購買意圖，以及怎樣讓他們從購買的產品中得到他們需要的利益，進而就能針對顧客的需要為他們提供恰當的服務，使買賣成交。

提出引導式的問題

讓顧客對你打算為他們提供的產品和服務產生信任。還是那句話，由你告訴他們，他們會懷疑；讓他們自己說出來，就是真理。

在你提問之前還要注意一件事——你問的必須是他們能答得上來的問題。最後，根據洽談過程中你所記下的重點，對客戶所談到的內容進

行簡單總結，確保清楚、完整，並得到客戶一致同意。

例如：「鄭經理，今天我跟你約定的時間已經到了，今天很高興從您這裡聽到了這麼多寶貴的資訊，真的很感謝您！您今天所談到的內容一是關於……二是關於……三是關於……是這些，對嗎？」

08 使用反問變被動為主動

一家英國電視臺記者採訪中國某著名作家。對方問了一個十分刁鑽的問題：「沒有文化大革命，可能不會產生你們這一代作家，那麼，文化大革命在你看來究竟是好還是壞呢？」說著便舉起攝影機，遞過麥克風，等待回答。

這個問題十分辛辣，被問者無論做肯定的，還是否定的回答，都將產生不良的影響。然而，他卻鎮定自若，反問記者：「沒有第二次世界大戰，就沒有因反映第二次世界大戰而聞名的作家。那麼，你認為第二次世界大戰是好還是壞呢？」記者張口結舌，掃興而去。

若對方的觀點或某一句話裡隱含著自相矛盾，而己方又難以用陳述的語氣挑明。此時，己方便可借助於提出一個問題，使對方的自相矛盾處明顯暴露，置對方於被動地位。

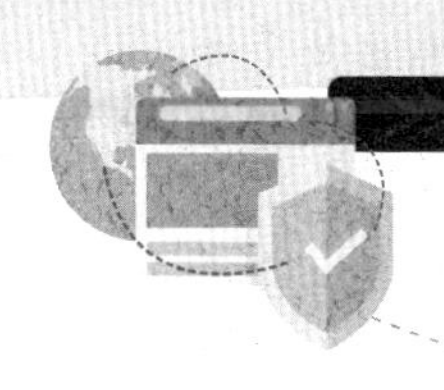

有位女作家擅長寫言情小說，深受中學生及女性上班族的喜愛。一些不喜歡這位作家的人抨擊她說：「她不是一個老處女嗎？怎麼能把男女之間的恩怨寫得那麼逼真呢？難道她的生活就是如此放蕩不羈嗎？」

聽到這種流言蜚語後，這位女作家馬上在報上登載了一則啟事：「果真如此嗎？我想請問，是不是一定要嘗過牢獄之災的作家，才能夠寫出有關囚犯的小說？是不是只有行跡到達外太空的作家，才寫得出關於外星人的作品？一個在內地長大的人，為什麼敢斷定餐桌上的海鮮營養豐富呢？假如有位專攻癌症的專家身體一向健康，那他的研究成果是否就不值得信賴呢？」

對於偶然遇到的意外場合，可以常理來推論，用通則來解釋。這裡所說的「常理」、「通則」，是指由經驗歸納出來的結論。這種結論來自於通常情況下所發生的事件或大多數情況的概括，所以它並不適用於例外。

英國詩人喬治英瑞是一位木匠的兒子，雖然當時他很受英國上層社會的尊重，但他從不隱諱自己的出身，這在英國當時浮誇的社會情況下

是很少見的。

有次，一個紈褲子弟與他在某個沙龍相遇。該紈褲子弟非常嫉妒他的才能，企圖中傷他，便故意在別人面前高聲問道：「對不起，聽說閣下的父親是一個木匠？」

「是的。」詩人回答。

「那他為什麼沒有把你培養成木匠呢？」

喬治微笑著回答：「對不起，那閣下的父親是紳士了？」

「是的！」這位貴族子弟傲氣十足地回答。

「那麼，他怎麼沒有把你培養成紳士呢？」

頓時這個貴族子弟像洩了氣的皮球，啞口無言。

09 避免導致洽談失敗的悲觀語言

開始洽談時，每位推銷員都希望自己能成為一名成功者，而不願做一名失敗者。因此，他們都會儘量避免使用帶有負面性或者否定性含義的詞語。所以，在洽談時推銷員都盡可能少使用容易引起對方戒備心理的語言，這樣才不會使洽談失敗。

但另一方面，人們的潛意識裡又常常有一種被害者意識，即老是懷疑自己是不是會受到不利的對待，這種意識顯然是負面的。通常這種意識並不表現為明顯的對話，而作為一種恐懼、擔心、緊張不安的心情表現出來，有時會形成模糊語言，即自問自答的談話，這些談話往往自己都意識不到，而是下意識或本能地進行著，比如說：

✔或許他又不在家。

✔說不定又要遲到了。

✓利潤也許會降低。

✓這個月也許無法達到目標。

✓或許又要挨罵了。

根據專家的統計，我們在一天中使用這種否定性「內意識」的次數大約為兩百到三百次。因此，這類的擔心是普遍和正常的，重要的是在意識上戰勝、抑制住這種恐懼，不能讓它表現在與客戶的洽談上。

但許多推銷員往往做不到這一點，或者沒有自覺地有意識做了，於是在洽談中把自己的不夠自信、擔心和急切願望表露無遺。這種負面的意識傳遞給客戶，往往會使客戶產生懷疑，以至於心理封閉了起來，使得進一步溝通變得困難，洽談也就宣告失敗。

設想顧客面對的推銷員老是說這類生硬、令人喪氣的話，就會自然而然地產生懷疑，甚至還會產生反感，失去與他繼續交談的興趣，更不要說購買慾望了。這樣，成交的機會當然會減少。

推銷員要儘量避免使用可能導致洽談失敗的語言，讓洽談順利進行下去。

IO 面對棘手問題要勇於挑戰

約翰是電視臺的廣告推銷員，這回碰到一個棘手的問題，公司要他去說服一個「難搞」的客戶，這名客戶在眾多推銷員心裡有很深的不良印象，他們把對這名客戶的描述記錄在卡片上給了約翰。

約翰仔細研究了一下這些卡片，卡片上記錄得非常清楚，他已經五年沒有購買過電視臺的廣告時間，同時還記著好幾個同他聯繫過的推銷員的評價。

第一個寫道：「他恨電視臺」。

第二個寫道：「他拒絕在電話裡跟電視臺推銷代表談話」。

第三個寫的是：「這人是混蛋」。

其他推銷員的評價令約翰捧腹大笑：「這個客戶究竟能有多壞？」他想，「如果我做成了這筆生意，那該是多麼令人驕傲的事，我一定要與他做成買賣。」

客戶的工廠在城鎮的另一邊，約翰花了一個小時才到那裡。

一路上，約翰一直為自己打氣：「他以前曾在我們電視臺購買過廣告時間，因此我也可以讓他再買一次。」「我知道我將與他達成買賣協定，我一定可以……」約翰不停地說。

抵達後，約翰打起精神下了車，走向大樓的主要通道。通道裡很暗，約翰按一下門鈴，沒人應答。

「太好了。」約翰想，「我以後可以再也不來這邊了。」

突然，約翰看到有一個身材魁梧的人穿過大廳走來。約翰知道是主人來了，因為卡片上清楚地記載著他是個異常高大的人。

「嗨！您好。」約翰努力保持平靜的聲音，「我是ＴＤＬ電視臺的約翰。」

「滾開！」對方大叫起來，看上去異常氣憤，額頭上的青筋浮出。

約翰以為自己會按他說的去做，但是約翰卻說：「不，等等，我是公司的新職員，我希望您拿出五分鐘時間來幫幫我。」

他推開門，走向大廳，並讓約翰隨他過去。約翰跟著他來到辦公室。

這人在桌後坐下後便開始對約翰大吼。他告訴約翰，電視臺對他公司的報導是如何如何的糟糕和低劣。他告訴約翰，其他的推銷員之所以讓他憤怒，是因為他們從不做他們承諾過的事。

「您看一下這張卡片，這是他們對您的評價。」約翰把那些卡片遞給他。

他瞪著那張卡片，一言不發。

兩人之間誰也不說話。這時，約翰打破了僵局：「您看，不管以往發生過什麼，不管您如何看待他們，還是他們如何評價您，現在唯一重要的，是晚上十點半的天氣預報廣告時段公開銷售了，那是一個黃金時段，如果您購買的話，對您的生意將大有幫助，我發誓我會做得非常好，不會讓您失望的。」

「這就行了。」他的語氣緩和了許多，「價錢多少？」

約翰報了一個價給他，然後他告訴約翰：「可以，約翰，就這樣達成協定吧。」

當約翰回到電視臺將訂單給其他推銷代表看時，約翰幾乎都認為自己有兩公尺高了，從此以後，約翰對於那些被認為棘手的客戶再也沒有猶豫過了。

遇到棘手客戶也沒有什麼可怕的，不要猶豫，更不要退縮，唯有勇敢挑戰，這才是解決難題的關鍵。

II 電話行銷怎樣繞過障礙走向成功

電話行銷過程中，把打招呼、確認對象、自我介紹，作為電話推銷第一切入點；把「電話緣由」稱作第二切入點；把「初步探聽主管及負責人」稱作第三切入點。

繞過電話行銷的障礙以後，掌握一些成功法則並在實踐中去運用它們，你也能取得很大的成功。

一、大數法則

一株草算不上美麗，但一大片草原出現在你跟前的時候，就變得非常壯觀。同樣的道理應用在業務上，即表示當你打電話的數量大到一定程度的時候，結果也一定會是非常豐盛的。這也就是行銷實務上說的「大數法則」。

從事業務工作的人一定要相信，銷售任何東西一定會有相當比例的人會向你購買，也一定會有相當比例的人不會向你購買。因此你的工作就是「把那些會跟你買的人找出來」，僅僅如此而已。至於你能找出多少會向你購買的人，則完全要看你打電話的次數而定。

舉例來說，如果你每接觸一百個人當中，平均會與十個人成交。那麼，如果你只找到一百個人，你的成績當然也只有十件而已。但是，如果你很努力地找到五百個人，則你將會獲得五十件。

從這個道理我們可以發現，電話行銷工作真的不難，因為你想要獲得五十件，只要肯花時間找到五百個人就可以獲得了，不是嗎？這就是「大數法則」！

二、機會成本

經濟學裡有所謂的「機會成本」理論。簡單說，假如你一天平均可以用電話跟三十個人銷售保險，但某天你卻在一位客戶身上花了半天的時間，因此當天只能跟十五位客戶進行銷售，那麼你就是在那位客戶身上付出了十五個行銷的機會成本。

由此可知，你必須培養精準的判斷能力，明確掌握哪些客戶才是你

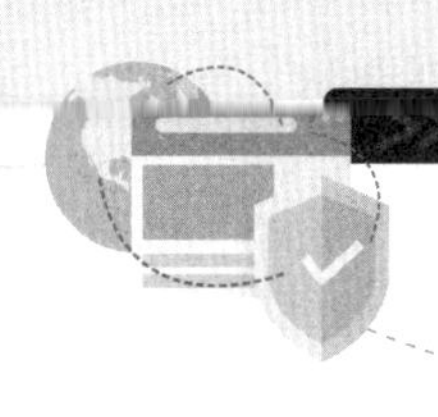

該投注時間的對象，否則你很有可能在不知不覺當中，浪費許多的機會成本。這種損失有可能是倍數的損失，因為當你唯一投注的客戶最後仍然沒有成交的話，不就是兩頭空嗎？

另外重要的一點是，比起面對面行銷，「機會成本」對於電話行銷的影響程度會更為顯著。原因是電話行銷屬於「厚積薄發」的行銷觀念，在短短的時間裡要比面對面行銷的精耕細作方式所要付出的「機會成本」大上許多。

三、速度價值

在投資學裡有所謂的「時間價值」，指的是任何投資工具都可以經由時間因素，創造出投資效益。在這裡我們要提出另外一個價值說——「速度價值」。

所謂「速度價值」，指的是：「在同樣的時間及成交率之下，你若能因速度快而創造了比別人多的活動量，那麼你的成績必然要比別人好。」因此，你可以知道，以後你在每天或每次撥打電話的時候，都應該注意時間管理，也應該避免養成做事磨蹭或是凡事慢半拍的習慣。

12 時刻為顧客著想

有一家服裝店，女老闆叫瑪麗，她對心理學非常有興趣，平常都會花時間研究。

某天，瑪麗接待了一位年輕的女顧客。

女士說：「給我一件店裡最亮眼的禮服，我要穿著它去甘迺迪中心，讓每個見了我的人連眼珠子都要掉出來。」

瑪麗說：「我這兒有件非常亮眼的禮服，不過這是為那些缺乏自信心的人準備的。」

「缺乏自信心的人？」

「是啊，您不知道有些女人常常想穿這樣的服裝來掩飾她們的自信心不足嗎？」

女士生氣了：「我可不是缺乏自信的人！」

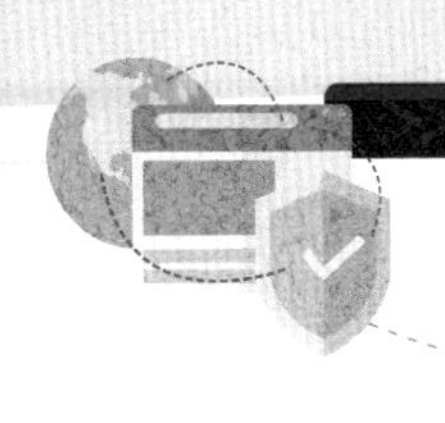

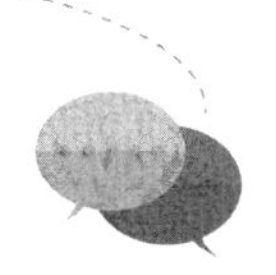

「那您為什麼要穿上它去甘迺迪中心，讓所有人羨慕得連眼珠子都要掉出來呢？難道您不能不靠衣服，而是靠自身的美去吸引人嗎？您很有風度，也很有魅力，可是您卻想要掩蓋起來。我當然可以賣給您這件最時髦的禮服，讓您出出風頭，但您就不想想，當人們停住腳步看您時，是因為衣服，還是因為您自身的吸引力？」

聽到這裡，那位女顧客想了想說：「是啊，我幹嘛要花錢買大家幾句恭維的話呢？真的，這些年我一直缺乏自信心，可是我竟然沒意識到這點，我應該對妳表示感謝！」

不過，儘管瑪麗小姐這樣地「不願賺錢」，可是服裝店還是生意興隆，來的大多是當年被「拒之門外」的客人，這些「回頭客」和慕名而來的顧客，使服裝店的生意越來越好。

推銷的上乘之道就是為顧客著想，如果你的眼睛僅僅盯著你的錢包，那麼你永遠都成不了頂級推銷員。

叫我第1名
事半功倍的銷售成交術

CHAPTER 2

最容易見效的推銷法則

OI

順著拒絕者的觀點開始推銷

一個五、六歲的孩子因為父母吵架，就撐著一把雨傘蹲在牆角，父母又求又哄，但孩子不理不睬。兩天過去了，孩子變得極度衰弱，最後，他們請來了著名的心理治療大師狄克森先生。

狄克森也要了一把雨傘在孩子的跟前蹲下。

他面對孩子，注視著孩子的雙眼，向孩子投以關切的目光，終於，孩子從恍惚中震了一下，像沉睡中被驚醒了一樣，而狄克森仍繼續與孩子對視。

孩子突然問：「你是什麼？」

狄克森反問：「你是什麼？」

孩子：「當蘑菇真好，颳風下雨都聽不到。」

狄克森：「是的，當蘑菇真好，蘑菇聽不到爸爸、媽媽的吵鬧聲。」

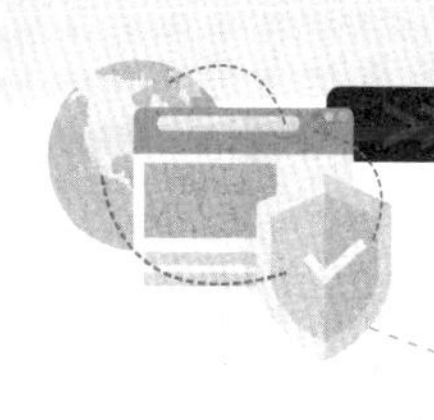

這時，孩子流淚了。

狄克森：「當蘑菇好是好，但是蹲久了又餓又累，我要吃巧克力。」他拿出一塊巧克力，送到孩子鼻子前讓他聞一聞，然後放進自己嘴裡嚼了起來。

孩子：「我也要吃巧克力。」

狄克森給了孩子一塊巧克力，孩子吃了一半。

狄克森：「吃了巧克力口好渴，我要去喝水。」

說完，他丟掉雨傘站了起來，孩子也跟著站了起來。

這是一個從同理心入手取得信任，然後起步治療心理障礙的經典案例。其實，克服推銷障礙與克服心理障礙的原理是一樣的。每個推銷人都會遇到推銷的困擾。

有位做了四年的保險推銷顧問，經常面對「保險是欺騙，你是騙子」的責難，他怎麼辦呢？難道與客戶辯論嗎？顯然不行。他說：「您認為我是騙子嗎？」

對方答：「是啊。你難道不是騙子嗎？」

他說：「我也經常疑惑，尤其在像您這樣的人指責我的時候，我有時真不想做保險了，但就是一直下不了決心。」

對方說：「不想做就別做啦，怎麼還下不了決心呢？」

他說：「因為我在四年時間內已經跟五百多個保戶變成了好朋友，他們一聽說我不想繼續做下去了，就紛紛表示不同意，要我繼續為他們提供服務；尤其是十三位已經理賠的客戶，聽說我動搖了，都打電話不讓我走。」

對方驚訝地問：「還有這事？你們真的給投保戶賠償？」

他說：「是的，這是我經手的第一樁理賠案……」。

就這樣，他一次又一次戰勝了客戶對保險推銷的偏見和拒絕，當場改變了對立者的觀點，做成了一筆又一筆的業務。

要想推銷成功，面對顧客拒絕時首先要接受顧客的觀點，然後從顧客的觀點出發與顧客溝通，最後沿著共同認可的方向努力，以促成成交。

想成為一名成功的推銷人員，你就得學會如何應對客戶的拒絕。這並不保證你學會以後就能一帆風順，有時碰到難纏的客戶，你也只好放

棄。總而言之，不妨把挫折當成是磨鍊自我的機會，從中學習克服拒絕的技巧，找到被拒絕的癥結所在，你就能應付自如了。

02 教你避免被拒絕

顧客回絕的理由是你必須克服的障礙。在各種推銷過程中，都會遇到對方的回絕。只要有可能，就要設法將對方的回絕變成對你有利的因素。但是一定要摸準對方的心理。貝特格教你戰勝別人拒絕的方法。

步驟一：重複對方回絕的話

這樣做具有雙重意義。首先，可以有時間考慮；其次，讓顧客自己聽到他回絕你的話，而且是在完全脫離顧客自己的態度，及所講的話的上下文的情況下聽到的。

步驟二：設法排除其他回絕的理由

用一種乾脆的提問方式十分有效。「您只有這個顧慮嗎？」或是用一種較為含蓄的方式。「恐怕我還沒完全聽明白您的話，您能再詳細解釋一下嗎？」

步驟三：就對方提出的回絕理由向對方進行說服

完成這項工作有多種方式。

回敬法——將顧客回絕的真正理由作為你對產品宣傳的著眼點，以此為基礎提出你的新觀點。

如果客戶說：「我不太喜歡這種後開門的車型」。

你可以說：「根據全國的統計數量來看，這種車今年最為暢銷」。

透過這種方式，你不僅反駁了對方的理由，而且還給對方吃了定心丸。跟其他有競爭力的產品進行比較：將產品的優點與其他有競爭力的產品進行比較，用實例說明自己的產品優於其他同類產品。

緊逼法——說明對方回絕的理由是不成立的，以獲取對方肯定的回答。

顧客：「這種壺的顏色似乎不太好，我喜歡紅色的」。

供應商：「我可以給您提供紅色的壺。假如我調到的話，您是否要？」

顧客：「這種我不太喜歡，我希望有皮墊子」。

傢俱商：「如果我能為您提供帶皮墊的椅子，您是否會買？」

這種方法極其有效。如果將所有回絕理由都摸清並排除的話，最後一個問題一解決就使對方失去了退路。如果這種方法仍行不通，說明你沒能完全把握對方的心理，沒能弄清對方的真正用意。

總之，面對顧客的拒絕，不要後退，再艱難你也要勇敢地闖過去。面對顧客的拒絕，活動你的腦筋，化不利為有利。任何一個推銷員只要做好這個方面的工作，就是一個優秀的推銷員。

03 事先調查，瞭解對方性格

有一天，貝特格訪問某公司總經理。

他拜訪客戶有一項規則，就是一定會事先做周密的調查。

根據調查顯示，這位總經理是個「高傲自大」型的人，脾氣很怪，沒有什麼嗜好。這是一般推銷員最難對付的人物，不過對這一類人物，貝特格倒是胸有成竹，自有妙計。

貝特格首先向櫃臺小姐說明：「您好，我是貝特格，已經跟貴公司的總經理約好了，麻煩您通知一聲。」

接著，貝特格被帶到總經理室。總經理正背著門坐在大轉椅上看文件。過了好一會才轉過身，看了貝特格一眼，又轉身看他的文件。

就在眼光接觸的那一瞬間，貝特格有種講不出的難受。

忽然，貝特格大聲地說：「總經理，您好，我是貝特格，今天打擾您了，我改天再來拜訪。」

總經理轉身，愣住了。

「你說什麼？」

「我告辭了，再見。」

總經理顯得有點驚慌失措。

貝特格站在門口說：「是這樣的，剛才我對櫃臺小姐說給我一分鐘的時間讓我拜訪總經理，如今已完成任務，所以向您告辭，謝謝您，改天再來拜訪您。再見。」

走出總經理室，貝特格早已渾身是汗。

過了兩天，貝特格又硬著頭皮去做第二次拜訪。

「嘿，你又來啦，前幾天怎麼一來就走了呢？你這個人蠻有趣的。」

「啊，那一天打擾您了，我早該來向您請教……」

「請坐，不要客氣。」

由於貝特格採用「一來就走」的妙招，這位「不可一世」的客戶比上次友善多了。

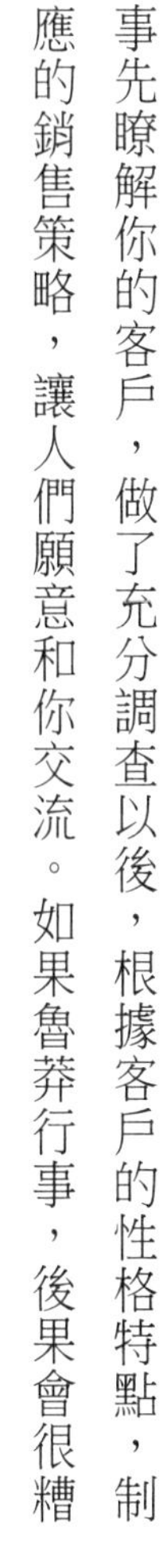

事先瞭解你的客戶，做了充分調查以後，根據客戶的性格特點，制訂相應的銷售策略，讓人們願意和你交流。如果魯莽行事，後果會很糟糕。

04 努力克服怯場心理

幾乎所有的藝術家都怯過場，在出場前都有相同的心理恐懼：一切會正常無誤嗎？我會不會漏詞，忘表情？我能讓觀眾喜歡嗎？

貝特格從事推銷的頭一年，收入相當微薄，因此他只得兼任史瓦莫爾大學棒球隊的教練。有天，他突然收到一封邀請函，邀請他演講有關「生活、人格、運動員精神」的題目，可是當時他連面對一個人說話時都無法表達清楚，更別說面對一百位聽眾說話了。

由此貝特格認識到，只有先克服和陌生人說話時的膽怯與恐懼才能有成就，第二天，他向一個社團組織求教，最後得到很大進步。

這次演講對貝特格而言是一項空前的成就，它使貝特格克服了懦弱的性格。推銷員的表現基本上與他們的心理感覺完全一樣。無論你稱之為怯場、放不開還是害怕，不少推銷員很難坦然、輕鬆地面對客戶，很

多推銷員會在最後簽合約的緊要關頭突然緊張害怕起來，不少生意就這麼毀了。

從打電話約面談時開始，一直到令人滿意，簽下合約，這條路一直充滿驚險。沒有人喜歡被趕走，沒有人願意遭受打擊，沒有人喜歡當「不靈光」的失意人。

有一些推銷員，在與客戶協商的過程中，目標明確，手段靈活，直至簽約前都一帆風順，結果在關鍵時刻失去了獲得工作成果和引導客戶簽約的勇氣。

你會突然產生這種恐懼嗎？這其實是害怕自己犯錯，害怕被客戶發覺錯誤，害怕丟掉渴望已久的訂單。恐懼感一占上風，所有致力於目標的專注心志就會潰散無蹤。

在簽約的決定性時刻，在整套推銷魔法正該大展魅力的時刻，很多推銷員卻失去了勇氣和掌控能力，忘了他們是推銷員。在這個時刻，他們卻像等待發成績單的小學生，心裡只有聽天由命似的期盼：也許我命好，不至於留級吧。

推銷員的心情就此完全改觀。前幾分鐘他還充滿信心，情緒高昂，但現在卻毫無把握，信心全無了。這種情況，通常都以丟了生意收場。

客戶會突然間感覺到推銷員的不穩定心緒，並借機提出某種異議，或乾脆拒絕這筆生意。推銷員大失所望，身心疲憊，腦子裡只有一個念頭：快快離開客戶。然後心裡沮喪得要死。

如何避免這種狀況發生呢？無疑只有完全靠內心的自我調節，這種自我調節要基於以下考慮：就好像推銷員的商品能夠解決客戶的問題一樣，優秀的推銷員應該能幫助客戶做出正確的決定。

推銷員其實是個幫助人的好角色：那他有什麼好害怕的呢？簽訂合約這個推銷努力的輝煌結果，不能被視為（推銷員的）勝利，或者（客戶的）失敗，反過來也是一樣，無所謂勝或敗，毋寧說是雙方都希望達到的一個共同目標，而推銷員和客戶，本來就不是對立的南北兩極。

請你暫且充當一下推銷高手的角色吧，我們這樣畫一張圖：

你牽著客戶的手，和他一起走向簽約之路，帶他去簽約。客戶會覺得你親切體貼，而他的感激正是對你最好的鼓舞！

在途中，客戶幾乎連路都不用看（因為他是被人引導的），只顧著欣賞你帶他走過的美妙風景，而你以親切動人的體貼心情一路為他指引解說。

遊園之後，客戶會自動與你簽約並滿懷感激地向你道別。因為，達到目的，正是他一心想往的，何況這趟郊遊之旅又是如此美妙！

知不知道這裡為什麼要描述這麼一幅美好和諧的景象？因為如果你把它轉化到內心深處，就一定能毫無畏懼地和客戶周旋到底！

其實，你只要打定主意在整個事件中扮演嚮導的角色就對了。在推銷商談一開始，你就要抓住客戶的手，一路引他走到目的地。只有你知道帶客戶走哪一條路最好——而到達目的地時，你要適時說聲：「我們到了！」在途中，你有的是時間幫客戶的忙！他會因此感激你！

正如你已經瞭解的道理：消極的暗示（如「我不害怕」）通常不會產生正面的影響力。相反，上面那樣一幅正面的、無憂無懼的圖像，才會被你的潛意識高高興興地接納吸收，並且加以強化！

而你這位伸出援助之手的人，當然就不會害怕面對客戶，一定是信心十足地請客戶做決定——拿到你的合約。

推銷員的推銷成績與推銷次數成正比，持久推銷的最好方法是「逐戶推銷」，推銷的原則在於「每戶必訪」。但是，並不是每一個推銷員都能做到這一點。

「我家的生活水準簡直無法與之相比」，面對比自己更有能力、比自己更富有、比自己更有本領的人而表現出的自卑感，使某些推銷員把「每戶必訪」的原則變為「視戶而訪」。他們挑的都是什麼樣的門戶呢？就是在心理上要躲開那些令人望而生畏的門戶，而只去敲易於接近的客戶的門。這種心理正是使「每戶必訪」的原則一下子徹底崩潰的元兇。

莎士比亞說：「如此猶豫不決，前思後想的心理就是對自己的背叛，一個人如若懼怕『試試看』的話，他就把握不了自己的一生。」因此，遇到難訪門戶不繞行，不逃避，挨家挨戶地推銷，戰勝自己的畏懼心理，推銷的前景才會一片光明。

05 把問題由大化小

問題不過是一個「結果」，在它發生之前，必有潛在原因，只要能找出原因，想出正確的對策，然後付諸行動，那麼問題就不可怕了。找出原因並消除它，問題必能獲得解決，同時也可避免日後再度發生同樣的問題。

從推銷業績的好壞來看，不難發現，普通的推銷員與頂級的推銷員，在對問題的看法上顯然有所不同。不用說，前者屬於「逃避問題型」，後者則屬於「改善問題型」。而所謂的「頂級推銷員」，通常都是先逐一解決影響銷售成績的問題，然後才能取得優良的銷售業績，其間的艱辛也是可想而知的。

優秀的推銷員發現問題的能力較強，除了平日上司考核的績效數字，或是最近發生的問題之外，他們還會進一步地發掘問題，向問題挑戰，這樣才會覺得有成就感。

優秀的推銷員會把「問題」看成寶藏，因此會採取積極的行動，努力去挖掘它。但是，一般的推銷員卻並非如此，他們碰到問題時，常常會畏縮不前，一味地逃避，刻意「繞道而行」，但最後卻被問題絆住了腳，屈服於問題之下。他們的銷售業績為何無法提升，原因就在這裡。

總而言之，想要使業績不斷提高，當務之急是改變對問題的看法或想法，積極地面對問題，逐步改善問題，這便是推銷員或營業部門的首要工作。

大多數的人只看問題的表面，因而容易感到困惑，這樣一來，當問題變得複雜時，便很難找到解決的方法。正確的做法是，當問題發生時，將大問題分解為小問題。因為，大問題是由小問題累積而成的，如果能讓小問題逐一解決，便可有效地改善大問題。小問題的構成分子，是引起大問題的因素；大問題是「結果」，小問題是「原因」，兩者的因果關係十分明顯。

只有將問題層層剖析，尋出最初的根源，運用「化整為零」的思考

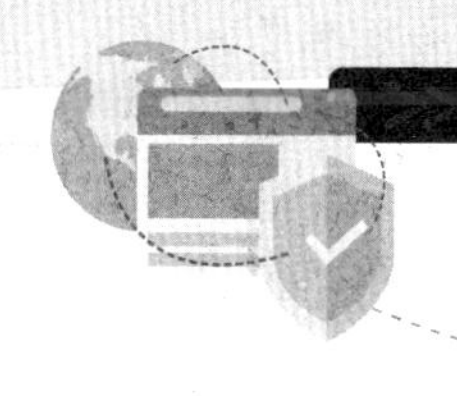

方法，才能透視問題的本質。而且，這種「化整為零」方法，不僅可以分析問題，而且在確立對策及實際上也是不可或缺的。

當我們發現某一問題時，誰都會提醒自己：「絕不能再如此下去！」可是，如果問題接二連三地出現，許多人的反應便是束手無策。

在任何情況下，當務之急就是採用重點管理的方法，換句話說，問題固然繁雜，對策也有很多，只要將它們分出輕重緩急，從優先順序中找出最重要的問題先下手，逐項解決，一切問題便可迎刃而解。

06 引起對方好奇心

英國的十大推銷高手之一約翰凡頓的名片與眾不同，每一張上面都印著一個大大的二十五％，下面寫的是約翰凡頓，英國XX公司。當他把名片遞給客戶的時候，幾乎所有人的第一反應都是相同的：「二十五％，什麼意思？」約翰凡頓就告訴他們：「如果使用我們的機器設備，您的成本就將會降低二十五％。」

這一下就引起了客戶的興趣。約翰凡頓還在名片背面寫了這麼一句話：「如果您有興趣，請撥打電話XXXX。」然後將這名片裝在信封裡，寄給全國各地的客戶。結果把許多人的好奇心都激發出來了，客戶紛紛打電話過來詢問。

人人都有好奇心，推銷員如果能夠巧妙地激發客戶的好奇心，就邁出了成功推銷的第一步。推銷中引起顧客好奇心，讓他願意和你交往下

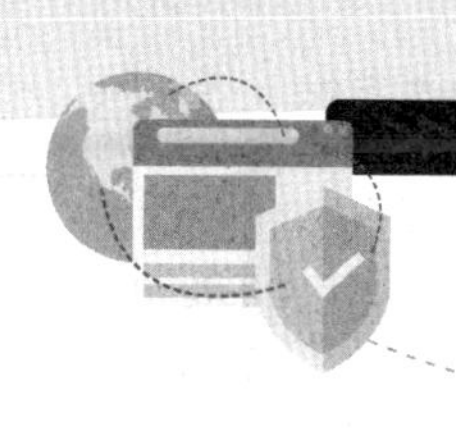

去是第一步，找到顧客最軟弱的地方給予致命一擊，則是你接下來要做的工作。

這是一個發生在巴黎一家夜總會的真實故事。為招徠顧客，這家夜總會找了一位身壯如牛的大漢，顧客可隨便擊打他的肚子。不少人都一試身手，可那個身壯如牛的傢伙竟然毫髮無損。

一天晚上，夜總會來了一位美國人，他一句法語也不懂。人們慫恿他去試試，主持人最終用打手勢的辦法讓那個美國人明白了他該做什麼，美國人走了過去，脫下外套，挽起袖子．挨打的大個子挺起胸脯深吸一口氣，準備接受那一拳。可那個美國人並沒往他肚子上打，而是照著他下巴狠揍了一拳，挨打的大漢當時就倒在了地上。

顯然那個美國人是由於誤解而打倒了對手，但他的舉動恰好符合推銷中的一條重要原則——找到對手最軟弱的地方給予致命一擊。

在匹茲堡舉行過一個全國性的推銷員大會，會議期間雪佛萊汽車公司的公關經理威廉先生講了一個故事：

一次他想買幢房子，找了一位房地產商。這個地產商可謂聰明絕頂。

他先和威廉閒聊，不久他就摸清了威廉想付的傭金，還知道了威廉想買一幢含有樹林的房子。然後，他開車帶著威廉來到一所房子的後院。這幢房子很漂亮，緊挨著一片樹林。

他對威廉說：「看看院子裡這些樹吧，一共有十八棵呢！」

威廉誇了幾句那些樹，開始問房子的價格，地產商回答道：「價格是個未知數。」威廉一再問價格，可那個商人總是含糊其辭。

威廉先生一問到價格，那個商人就開始數那些樹「一棵、兩棵、三棵……」。最後威廉和那個房地產商成交了，價格自然不菲，因為有那十八棵樹。

講完這個故事，威廉說：「這就是推銷！他聽我說，找到了我到底想要什麼，然後很漂亮地向我做了推銷。」

只要知道了顧客真正想要的是什麼，你就找到了讓對手購買的致命點。好好把握，成功很快就能實現了。

07 從人性出發引誘顧客

利用心理訴求引誘客戶，只要招數得當，距離成功就很近了。

英國作家威廉姆斯出版了一本名為《化裝舞會》的兒童讀物，要小讀者根據其中的字和圖猜出一件「寶物」的埋藏地點。「寶物」是一只製作極為精美、價格高昂的金質野兔。

該書出版後，彷彿一陣旋風，不但數以萬計的青少年兒童，而且各階層的成年人也懷著濃厚的興趣，按自己從書中得到的啟示到英國各地尋寶。

這場尋寶歷時兩年多，在英國的土地上留下了無數被挖掘的洞穴。最後，一位四十八歲的工程師在倫敦西北的淺德福希爾村發現了這只金兔，一場群眾性探寶的運動才告結束。這時，《化裝舞會》已銷售了兩百多萬冊。

過了幾年，經過精心策劃和構思，威廉姆斯再出新招，寫了一本僅三十頁的小冊，描寫的是一個養蜂者和一年四季的變化，並附有十六幅精製的彩色圖畫，書中的文字和幻想式的圖畫包含著一個深奧的謎語，那就是該書的書名，此書同時在七個國家發行。這是一本獨特的，沒有書名的書。

作者要求不同國籍的讀者猜出該書的名字，猜中者可以得到一個鑲著各色寶石的金質蜂王飾物，乃無價之寶。

猜書名的辦法與眾不同，不是用文字寫出來，而是要將自己的意思，透過繪畫、雕塑、歌曲、編織物和烘烤烙餅的形狀，甚至編入電腦程式的方式暗示書名，威廉姆斯則從讀者寄來的各種實物中悟出所要傳遞的資訊，再將其轉譯成文字。雖然，謎底並不偏澀，細心讀過該小冊子，十之八九可以猜到，但只有最富於想像力的猜謎者才能獲獎。開獎日期定為該書發行一周年之日。屆時，他將從一個密封的匣子裡取出那唯一寫有書名的書，書中就藏著那只價值連城的金蜂飾物。

不到一年，該書已發行數百萬冊，獲獎者是誰還無從知曉，但威廉

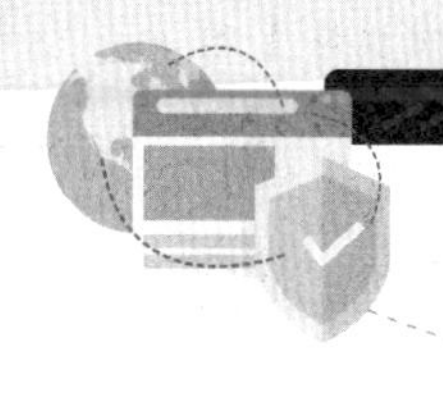

姆斯本人卻早已成為知名人物了。

威廉姆斯成功的關鍵在於他巧妙地設置了價值連城的「金餌」，既勾起了人們的好奇心，又刺激了人們的發財夢，人為地製造了一場「尋寶熱」，是一個典型引誘推銷的成功例子。然而，這並不是說引誘推銷法只能用於短期促銷，也不是說「誘餌」一定要是「寶物」。事實上，如果方法得當，幾分真誠、幾分關懷，再加上幾分「巧思」，就能夠引誘顧客成為長期的「忠實追隨者」。

適時拋出「誘餌」，吊吊消費者的胃口，讓他們自願成交，這是推銷的一個很高的境界。

08 善於製造緊張氣氛

瑪麗柯蒂奇是美國「二十一世紀米爾第一公司」的房地產經紀人，一九九三年，瑪麗的銷售額是兩千萬美元，在全美排名第四。下面是瑪麗的一個經典案例，她在三十分鐘內賣出了價值五十五萬美元的房子。

瑪麗的公司在佛羅里達州海濱，這裡位於美國的最南部，每年冬天，都有許多北方人來這裡度假。

十二月某天，瑪麗正在一處新轉到她名下的房屋裡參觀。當時，他們公司有幾個業務員與她在一起，參觀完這間房屋之後，他們還將去參觀別的房子。

就在他們在房屋裡進進出出的時候，看見一對夫婦也在參觀房子。這時，房主對瑪麗說：「瑪麗，看看他們，去和他們聊聊。」

「他們是誰？」

「我也不知道。起初還以為他們是你們公司的人呢，因為你們進來的時候，他們也跟著進來了。後來我才看出，他們並不是。」

「好。」瑪麗走到那一對夫婦面前，露出微笑，伸出手說：「嗨，我是瑪麗．柯蒂奇。」

「我是彼特，這是我太太陶絲。」那名男子回答，「我們在海邊散步，看見有房子開放參觀，就進來看看，我們不知道是否冒昧了？」

「非常歡迎。」瑪麗說，「我是這房子的經紀人。」

「我們的車子就放在門口。我們從西維吉尼亞來度假。等等我們就要回家去了。」

「沒關係，你們一樣可以參觀這房子。」瑪麗說著，順手把一份資料遞給了彼特。

陶絲望著大海，對瑪麗說：「這兒真美、真好！」

彼特說：「可是我們必須回去了，回到冰天雪地裡去，真是一件令人難受的事情。」

他們在一起交談了幾分鐘，彼特拿出自己的名片遞給了瑪麗，說：

「這是我的名片。我會打電話給妳的。」

瑪麗正要拿出自己的名片給彼特時，忽然停下了手。

「聽著，我有一個好主意，我們為什麼不到我的辦公室談談呢？非常近，只要幾分鐘就能到。你們出門往右，過第一個紅綠燈，左轉……」

瑪麗不等他們回答好還是不好，就抄近路走到自己的車前，並對那一對夫婦喊道：「辦公室見！」

車上坐了瑪麗的兩名同事，他們正等著瑪麗。

瑪麗講了剛才的事情給他們聽。沒有人相信他們將在辦公室看見那對夫婦。

等他們的車子停好，他們發現停車場上有一輛凱迪拉克轎車，車上裝滿了行李，車牌明明白白顯示出，這輛車來自西維吉尼亞！

在辦公室，彼特開始提出一系列的問題。

「這間房子上市有多久了？」

「在別的經紀人名下六個月，但今天剛剛轉到我的名下。房主現在降價求售，我想應該很快就會成交。」瑪麗回答。

她看了看陶絲，然後盯著彼特說：「很快就會成交。」

這時候，陶絲說：「我們喜歡海邊的房子。這樣我們就可經常到海邊散步了。」

「所以，你們早就想要一個海邊的家了！」

「嗯，彼特是股票經紀人，他的工作非常辛苦。我希望他能夠多休息休息，這就是我們每年都來佛羅里達的原因。」

「如果你們在這裡有一間自己的房子，就更會經常來這裡，並且還會更舒服一些。我認為，這樣一來，不但對你們的身體有利，而且你們的生活品質也將會大大提高。」

「我完全同意。」

說完這話，彼特就沉默了，他陷入了思考。瑪麗也不說話，她等著彼特開口。

「房主是否堅持他的要價？」

「這房子會很快就賣掉的。」

「妳為什麼這麼肯定？」

「因為這所房子能夠眺望海景，並且，它剛剛降了價。」

「可是，市場上的房子很多。」

「是很多。我相信你也看了很多。但我想你也注意到了，這所房子是很少擁有車庫的房子之一。你只要把車開進車庫，就等於回到了家。只要登上樓梯，就可以喝到熱騰騰的咖啡。而且，這間房子離幾個很好的餐館很近，走路幾分鐘就到了。」

彼特考慮了一會兒，拿了一支鉛筆在紙上寫了一個數字，遞給瑪麗：「這是我願意支付的價錢，一分錢都不能再多了。不用擔心付款的問題，我可以付現金。如果房主願意接受，我會感到很高興。」

瑪麗一看，只比房主的要價少一萬美元。

瑪麗說：「我需要你拿一萬美元作為定金。」

「沒問題。我馬上寫一張支票給妳。」

「請你在這裡簽名。」瑪麗把合約遞給彼特。

整個交易的完成，從瑪麗見到這對夫婦到簽好合約，時間還不到三十分鐘！

適時的製造緊張氣氛，讓顧客覺得他的選擇絕對是十分正確的，如果現在不買，以後也就沒有機會了。你只要能煽動客戶，讓他產生這樣的心情，就不怕他不與你簽約。

09 欲擒故縱

在推銷生涯早期，推銷大師威爾克斯先生平時衣衫不整，就連領帶也是皺巴巴的。他當時的工資很少，傭金不多，除了供給家人衣食外，所剩無幾。但他卻告訴了後來成為推銷大師的庫爾曼一個神奇的推銷技巧。

威爾克斯當時面臨的最大困難就是推銷失敗。與客戶第一次接觸後，他常常得到這樣的答覆：「你所說的我會考慮，請你下星期再來。」一到了下星期，他準時去見客戶，得到的回答是：「我已仔細地考慮過你的建議，我想還是明年再談吧。」

他感到十分沮喪。第一次見面時他已把話說盡，第二次會談時實在想不出還要說些什麼。有一天，他突發奇想，想到一個辦法。第二次會談竟然旗開得勝。

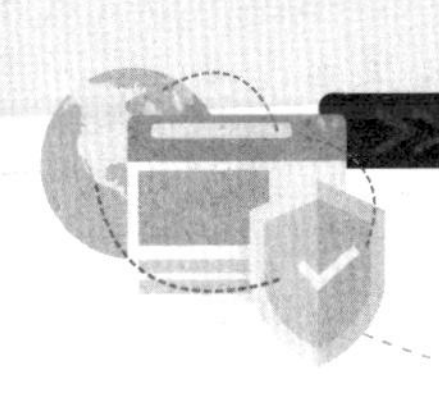

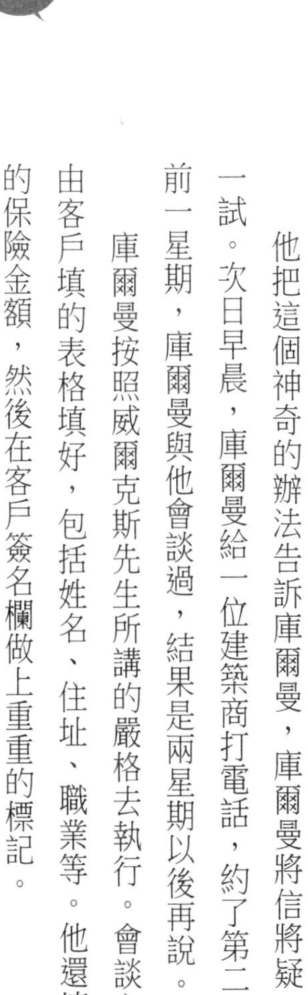

他把這個神奇的辦法告訴庫爾曼，庫爾曼將信將疑，但還是決定試一試。次日早晨，庫爾曼給一位建築商打電話，約了第二次會談的時間。前一星期，庫爾曼與他會談過，結果是兩星期以後再說。

庫爾曼按照威爾克斯先生所講的嚴格去執行。會談之前，他把本該由客戶填的表格填好，包括姓名、住址、職業等。他還填好了客戶認可的保險金額，然後在客戶簽名欄做上重重的標記。

庫爾曼按時來到建築商的辦公室。

祕書不在，門開著，可以看到建築商坐在桌前。他認出庫爾曼，說：「再見吧，我不想考慮你的建議。」

庫爾曼裝作沒聽見，大步走了過去。建築商堅定地說：「我現在不會買你的保險，你先放這，過半年再來吧。」

在他說話的時候，庫爾曼一邊走近他，一邊拿出早已準備好的表格，不由分說地把表格放在他面前。按照威爾克斯先生的指導，庫爾曼說：「這樣可以吧，先生？」他不由自主地瞥了一眼表格。庫爾曼趁機拿出鋼筆，平靜地等著。

「這是一份申請表嗎？」他抬頭問道。

「不是。」

「明明是，為什麼說不是？」

「在您簽名之前算不上一份申請表。」說著庫爾曼把鋼筆遞給他，用手指著做出標記的地方。

真如威爾克斯先生所說，他下意識地接過筆，更加認真地看著表格，後來慢慢地起身，一邊看一邊踱到窗前，一連五分鐘，室內悄無聲息。最後，他回到桌前，一邊拿筆簽名，一邊說：「我最好還是簽個名吧，如果以後真有麻煩呢。」

「您願意交半年呢，還是交一年？」庫爾曼抑制著內心的激動。

「一年多少錢？」

「只要五百美元。」

「那就交一年吧。」

當他把支票和鋼筆同時遞過來時，庫爾曼激動得差點跳起來。

欲擒故縱還有一種表現形式，就是在和顧客談生意的時候不要太心

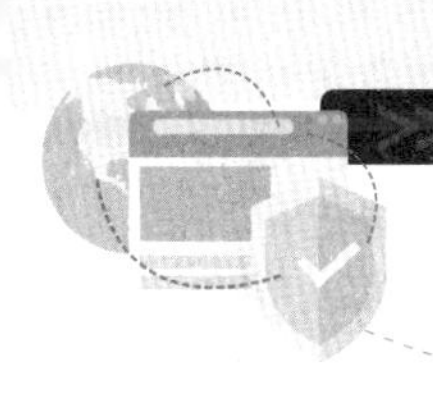

急，如果太心急，只會引起顧客的不信任，把握好結束推銷的方法也是促成成交的一種手法。

有天，一個推銷員在一個城市兜售一種炊具。他敲了公園巡邏員凱特先生家的門，凱特的妻子開門請推銷員進去。

凱特太太說：「我的先生和隔壁的華安先生正在後院，不過，我和華安太太願意看看你的炊具。」

推銷員說：「請你們的丈夫也到屋子裡來吧！我保證，他們也會喜歡我對產品的介紹。」於是，兩位太太「硬逼」著他們的丈夫也進來了。

推銷員做了一次極其認真的烹調表演。他用他所要推銷的那一套炊具，用文火不加水煮蘋果，然後又用凱特太太家的炊具煮。這給兩對夫婦留下深刻的印象。但是男人們顯然裝出一副毫無興趣的樣子。

一般的推銷員，看到兩位主婦有買的意思，一定會打鐵趁熱，鼓動他們買。如果那樣，還真不一定能推銷出去，因為越是容易得到的東西，人們往往覺得它沒有什麼珍貴的，而得不到的才是好東西。聰明的推銷員深知人們的心理，他決定用「欲擒故縱」的推銷術。他洗淨炊具，包裝起來，放回到樣品盒裡，然後對兩對夫婦說：「嗯，多謝你們讓我做了這次表演。我很希望能夠在今天向你們提供炊具，但今天我只帶了樣品，你們將來再買它吧。」

說著，推銷員起身準備離去。這時兩位丈夫立刻對那套炊具表現出了極大的興趣，他們都站了起來，想要知道什麼時候能買得到。

凱特先生說：「請問，現在能向你購買嗎？我現在確實有點喜歡那套炊具了。」

華安先生也說道：「是啊，你現在能提供貨品嗎？」

推銷員真誠地說：「兩位先生，實在抱歉，我今天確實只帶了樣品，而且什麼時候發貨，我也無法知道確切的日期。不過請你們放心，等能發貨時，我一定把你們的要求放在心裡。」

凱特先生堅持說：「唷，也許你會把我們忘了，誰知道啊？」

這時，推銷員感到時機已到，就自然而然地提到了訂貨事宜。

於是，推銷員說：「噢，也許……為保險起見，你們最好還是付定金買一套吧。一旦公司能發貨就給你們送來。這可能要等待一個月，甚

至可能要兩個月。」

適時吊吊客戶的胃口，人們往往鍾愛得不到的東西，聰明的推銷員都會使用這一方法，但是在你沒有把握的時候千萬不要使用，否則，就會弄巧成拙。

10 適時亮出自己的底牌

曾經有一位動物學家發現，狼在攻擊對手時，對手若是腹部朝天，表示投降，狼就停止攻擊。為了證實這一點，這位科學家躺到狼面前，手腳伸展，袒露腹部。果然，狼只是聞了他幾下，就走開了。這位科學家沒有被咬死，但「差點被嚇死」。

秦朝末年，謀士陳平有一次坐船過河，船夫見他白淨高大，衣著光鮮，便不懷好意地瞄著他。陳平見狀，就把上衣脫下，光著膀子去幫船夫搖櫓。船夫看到他身上沒什麼財物，打消了惡念。

袒露不易，之所以不易，一方面是因為需要極大的勇氣和超絕的智慧，另一方面是因為要找對對象。如果對一條狗或一個傻船夫玩袒露的把戲，後果難測。

日常推銷工作中，可能常常會遇到一些固執的客戶，這些人脾氣古

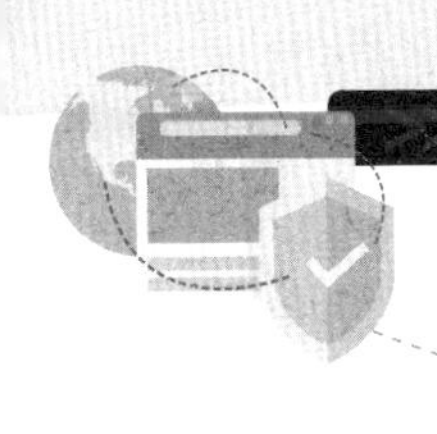

怪而執拗，對什麼都聽不進，始終堅持自己的主張。面對這種執迷不悟的情況，推銷員千萬不要喪失信心，草草收兵，只要仍存一絲希望，就要做出努力。

一般來說，這種最後的努力還是開誠佈公的好，索性把牌攤開來打。這種以誠相待的推銷手法能夠修補已經破裂的成交氣氛，當面攤牌則可能使客戶重新注意和發生興趣。

有位推銷員很善於揣摩客戶的心理，一次上門訪問，他碰到一位平日十分苛刻的商人，按常規對方會把自己拒之門外。這位推銷員靈機一動，仔細分析了雙方的具體情況，想出一條推銷妙計，然後登門求見那位客戶。

雙方一見面，還沒坐定，推銷員便很有禮貌地說：「我早知道你是個很有主見的人，對我今天上門拜訪你肯定會提出不少異議，我很想聽聽你的高見。」他一邊說著，一邊把事先準備好的十八張紙卡攤在客戶的面前，「請隨便抽一張吧！」對方從推銷員手中隨意抽出一張卡片，見卡片上寫的正是客戶對推銷產品所提的異議。

當客戶把十八張寫有客戶異議的卡片逐個讀完之後，推銷員接著說道：「請你再把卡片紙反過來讀一遍，原來每張卡片的背後都標明了推銷員對每條異議的辯解理由。」

客戶一言未發，認真看完了紙片上的每行字，最後忍不住露出了平時少見的微笑。面對這位辦事認真又經驗老練的推銷員，客戶開口了：「我認了，請開個價吧！」

攤開底牌是一種非常微妙的計謀，不像其他一些計謀那樣可以經常使用，除非你決心一直以坦蕩、誠實、胸無城府的形象出現，但這幾乎是不可能的。因此，偶爾用一次就夠了，可一而不可再。尤其注意不要在同一個人面前反覆使用，對方會想：這傢伙怎麼老沒什麼長進啊？

II 從失敗中找到成功的希望

在沙漠裡，有五隻駱駝吃力地行走，牠們與主人帶領的十隻駱駝走散了，前面除了黃沙還是黃沙，茫茫一片，牠們只能憑著最有經驗的那隻老駱駝的感覺往前走。

不一會兒，從牠們的右側方向走出一隻精疲力竭的駱駝。原來牠是一個星期前就走散的另一隻駱駝。另外四隻駱駝輕蔑地說：「看樣子牠也不是很精明啊，還不如我們呢！」

「是啊，是啊，別理牠！免得拖累我們！」

「咱們就裝著沒看見，牠對我們沒有什麼幫助！」

「看那灰頭土臉的樣子……」

這四隻駱駝你一言我一語，都想避開偶遇的這隻駱駝。老駱駝終於開腔了：「牠對我們會很有幫助的！」

老駱駝熱情地招呼那隻落魄的駱駝過來，對牠說：「雖然你也迷路了，境遇比我們好不到哪兒去，但是我相信你知道往哪個方向是錯誤的。這就足夠了，和我們一起上路吧！有你的幫助，我們會成功的！」

我們當然可以嘲笑別人的失敗，但如果我們能從別人的失誤中抓住機遇，從別人的失敗中學習經驗，那最好不過了。把別人的失敗當成對自己的忠告，這非常有利於自己的成長。

遭遇拒絕、遭遇失敗是人之常情，世上並沒有常勝將軍。遭遇拒絕、遭遇失敗的原因無非是自己還有缺陷，誰不希望得到完美的東西呢？當然世上也不可能有毫無缺陷的東西，但是我們應儘量地完善自己，把自己完善到足以讓人接受、使人認同的程度。這樣，即使遇到困難也能克服，遇到關卡也能越過，也就不至於在遇到挫折時使自己陷入困境不能自拔了。

因此，要想讓別人接受你、贊許你，要想成功，你就不能害怕困難和挫折，不能害怕別人的拒絕。相反，你要把拒絕當作你的勵志之石，當成你不斷完善，走向成功的動力。但是，在現實生活中並非所有的人

都懂得這些道理。因此，他們在遇到困難挫折時就採取了完全不同的態度。

高爾文是個身強力壯的愛爾蘭農家子弟，充滿進取精神。十三歲時，他見到別的孩子在火車站月臺上賣爆米花賺錢，也一頭闖了進去。但是，他不懂得，早占住地盤的孩子們並不歡迎有人來競爭。為了幫他懂得這個道理，他們無情地搶走了他的爆米花，並把它們全部倒在街上。

第一次世界大戰後，高爾文從部隊退伍回家，又雄心勃勃地在威斯康辛辦起了一家公司。可是無論他怎麼賣力，產品始終打不開銷路。有天，高爾文離開廠房去吃午餐，回來只見大門被上了鎖，公司被查封，高爾文甚至無法進去取出他掛在衣架上的大衣。

高爾文並沒有氣餒，積極尋找著下一次機會。一九二六年他又跟人合夥做起收音機生意來。當時，全美國估計有三千台收音機，預計兩年後將會擴大一百倍。但這些收音機都是用電池做能源的。於是，他們想發明一種燈絲電源整流器來代替電池。這個想法本身不錯，但產品卻仍打不開銷路。眼看生意一天天走下坡，他們似乎又要停業關門了。

高爾文透過郵購銷售的辦法招徠了大批客戶。他手裡一有了錢，就開起專門製造整流器和交流電真空管收音機的公司。可是不到三年，高爾文又破了產。此時他已陷入絕境，只剩下最後一個掙扎的機會了。當時他一心想把收音機裝到汽車上，但有許多技術上的困難有待克服。

到一九三〇年底，他的製造廠帳面上竟欠了三百七十四萬美元。在某個週末的晚上，他回到家中，妻子正等著他拿錢來買食物、交房租，可他摸遍全身只有二十四塊錢，而且還全是借來的。

然而，經過多年的不懈奮鬥，如今的高爾文早已腰纏萬貫，他蓋起的豪宅就是用他的第一部汽車收音機的牌子命名的。

可以說，在困難面前沒有失敗就沒有成功，失敗是成功之母！只遭遇一次失敗就失去信念，就不去挑戰困難，實際上就等於放棄了人生成功的機會，殊不知機會就隱藏在失敗背後。你戰勝的困難越多，你人生成功的機會也就越多。這就如同淘金一樣，淘掉的沙子越多，得到的金子也就越多。沙子的多少與金子的多少是成正比的，失敗與成功的關係就如同沙子與金子的關係。

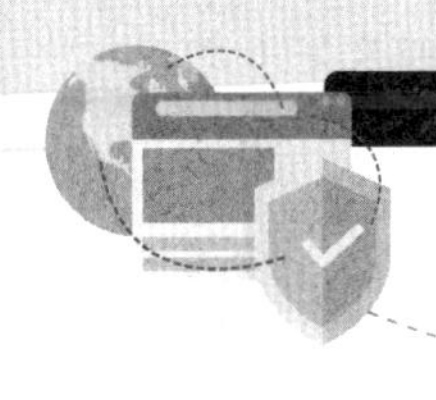

再讓我們看一看在遭遇失敗後，那些往後退縮的人都損失了些什麼。從前面所舉的行銷例子可以看出，那些人只不過是多走了些路、多說了些話而已，他們雖然沒有把產品賣出去，但產品仍在他們手中，他們的產品並沒有因此而貶值或有什麼損失。

貝特格指出，要成功，首先不要畏懼困難，不要讓困難把你的心態拖垮。其次，要成功還得正視困難，研究困難，從戰勝困難中總結經驗教訓，透過困難磨鍊自己的意志和品格，練就一身戰勝困難的本領。

12 選擇好推銷時機和地點

推銷搜魚器的銷售經理威廉在一個加油站停車，他想給車加點油，然後試著在天黑之前趕到紐約。

就在加完油等待付帳的時候，威廉看見自己剛加過油的地方停著四輛拖著捕魚船的車。他馬上返回到自己的車上，取出幾份「搜魚器」的廣告宣傳單，走到每一艘船的船主面前，遞給他們每人一份：「我今天不是要向各位推銷東西，我認為各位可能會覺得這份傳單很有意思。你們上路後，有空時不妨看一看，我想你們或許會喜歡這種『搜魚器』。」

付完帳後，威廉一邊開車離開，一邊向這些人揮手道別：「別忘了，有空一定看一看啊！」

兩個小時後經過休息站，威廉停下車買了一瓶可樂，就在這時，他看到那四個船主向他快步走過來，說他們一直在追趕威廉，但拖著漁船，

車速無論如何趕不上他，他們告訴威廉他們想要多瞭解一些搜魚器的事。

威廉立刻拿出展示品，向他們做完簡單介紹後，說還可以具體示範給他們看，於是威廉與他們一同走進休息室，他想找個插座，為搜魚器接上電源，但休息室裡沒有，最後，威廉在男廁所裡找到了插座。

威廉一邊操作一邊解釋：「比如在七十二米深的地方有一條魚，在船的右舷邊三十五米處也有一條魚……」

威廉講得認真而投入，男廁裡的其他人感到很好奇，不知道發生了什麼事，也紛紛圍上來。十五分鐘後，威廉結束了自己的示範，這四人已由聽眾變成了顧客，恨不得把這件展示樣品馬上買回去。威廉告訴他們只要去任何一家大型零售店都能買得到，隨即又提供給他們一份當地的經銷商名單。

推銷時一定要懂得抓住推銷時機，上面故事中的推銷員就是抓住了這個時機，向船主們散發廣告傳單，並且在恰當的時機進行示範，進而贏得了四名顧客。

除了要掌握好推銷時機外，也要選擇好推銷地點。

原一平說：「他們不可能要客戶到自己的辦公室去。可是牙醫可以。那些經紀人就是喜歡跑出去受點傷，才覺得自己是在做推銷的那種人。我們找客戶來辦公室，並不是要傷害他們，所以拜託大家，做事要專業一點，想想你的客戶，希望從你身上得到的是什麼？他們要的，只是你的『服務』和『誠實』。」

可是，有些推銷員卻經常忽略地點的重要性。

美國有一位人壽保險推銷巨星，名叫約翰沙維奇。他從來不做不管三七二十一就敲陌生人門的事，而是全力開發客戶和朋友介紹的客戶，並極力主張邀請客戶到自己辦公室來談推銷。

許多推銷員認為不能叫客戶上門，這是因為推銷員對自己的專業能力、形象、身分信心不足，尤其是低估了自己對客戶的影響力。其實，如果推銷不開口說話，怎麼知道客戶願意不願意？

讓我們看一看，在自己地盤上推銷，有哪些好處吧：

▼可以充分利用各種有利條件，盡情地佈置自己的辦公室，使環境有利於推銷。

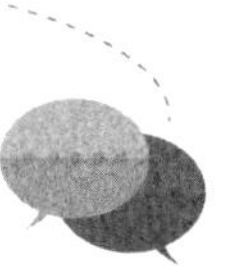

▼如果對方未接受我方提議就想離開時，可以很方便地予以阻止。
▼以逸待勞，心理上佔有優勢。
▼節省時間和路費。
▼如發生意外事件，可以直接找上司解決。
▼可以充分準備各種資料和展示工具，迅速回答對方提出的問題，並充分展示己方的優點。

《哈佛學不到的經營策略》的作者，國際管理集團的創始人馬克．麥考梅克說得好：「在你的地盤上談判，會給對方一種『入侵』的感覺，對方的潛意識中極有可能存在或多或少的緊張情緒。如果你彬彬有禮，讓對方舒服放鬆的話，那他的緊張情緒就會大大減緩，而你也就贏得了他的信任——即使真正的談判還未開始！」

萬一客戶非要在自己的地盤上商談，那麼請做好準備，時時準備反客為主。「星期二下午兩點半，請到我的辦公室來！」

別瞻前顧後，先大膽地說出這樣的話。畢竟，即使客戶拒絕，自己也不會有什麼大損失，不是嗎？

叫我第1名
事半的功倍
銷售成交術

CHAPTER 3

事半功倍 成交法則

01

盡自己所能幫助顧客

育志得知有家新開張的外商公司需要採購一大批電腦，於是他專程去拜訪該公司的董事長，當育志被請進董事長辦公室時，一個祕書模樣的年輕小姐從門外探頭進來，告訴董事長，她這天沒有什麼郵票可以給他。

「我十三歲的兒子在搜集郵票。」董事長對育志這樣解釋道。

當育志說明他的來意，董事長遺憾地告訴他：「你的資訊太慢了，因為我們公司的電腦採購工作已經結束。」董事長還特意將訂單拿出來給育志看。

雖然生意沒有談成，但董事長的兒子需要郵票的事，卻深深地印在育志的腦海裡。第二天早上，育志再次登門拜訪，並請董事長的祕書傳話，說他有一些郵票要送給董事長的兒子，是否能讓他進去？

董事長翻閱著育志給他的郵票，滿臉堆著微笑說：「我的小孩肯定會喜歡這些郵票，這對他來說簡直就是無價之寶！」

當董事長提出要出價將這些郵票買下來時，育志卻斷然拒絕：「我要是為了賣錢，也就不會拿到這來了。我們雖然沒有做成生意，但情意還在。這些郵票對於我來說並沒有多大用處，送給你的兒子當做紀念吧。」

育志這一舉動令董事長感動不已。這天，他們花了一個多小時討論郵票，從此也培養出深厚的友誼。一年後，這家公司擴大業務，需要再添購一批電腦，董事長主動打電話給育志，使他順利做成了一筆大生意。

推銷員只有一種方法能夠超越競爭者，就是要盡可能地幫助顧客，這種幫助應該是真心誠意而不求回報的，這是一種自然關心他人的舉動。經驗證明，當一個推銷員學會付出後，生意就會自動在門前等著他。

有經驗的推銷員，會經常將最新的產品資訊送給顧客，這是助人的方式之一。

一般人都會跟那些一直保持往來、又能提供最新訊息的推銷員做生意，因為跟熟人做生意總是比較有安全感。

有次，一位保險銷售經理和新推銷員一起拜訪某位老是談不成生意的顧客，他是一位餐廳老闆。他們坐在餐廳裡談話，而那位老闆必須不時起身察看員工，和顧客打招呼或是幫忙店務。這樣別說談生意，連讓他集中注意力聽他們說話都很難。當經理想建議打烊後再見面時，他的太太適時出現，接管了店務，老闆放鬆下來，他們也跟著鬆了口氣。

這位顧客的確有些棘手，他不斷地說「不」。銷售經理顯然處於劣勢，但這是一種挑戰，而且他必須向年輕的推銷員證明、再困難的推銷都會有轉機。所以這位經理不厭其煩地推銷，而這個顧客還是一直說「不」。過了兩小時，他們終於帶走一份簽了名的投保書。

第二天一早，祕書告訴經理，餐廳老闆娘打電話來。他猜想昨天可能逼得太過火了，老闆娘一定是想解約。但這位太太卻說：「我一直等到我先生出門才打電話過來道謝，您不知道幫了我兒子多大的忙。我先生一定沒跟你們講他有賭博的習慣，我們家一直沒有什麼存款。現在至少我不用再擔心孩子的教育費了，我一定會準時繳款的，真謝謝你。」

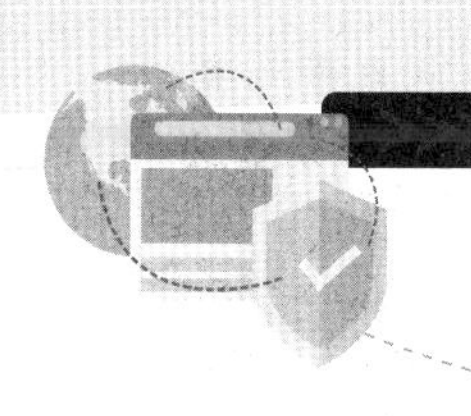

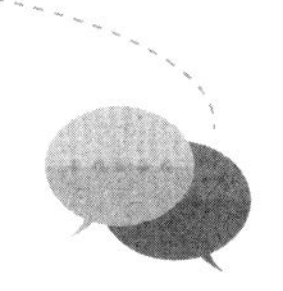

這位經理聽了非常驚訝。

聽了這些話，不光是新推銷員學到了推銷的經驗，這位經理也得到一些新的啟發，那就是不要完全相信顧客說的為什麼不買的原因。他因此也更加確信，專業的推銷員經常在不知不覺中幫助了顧客。

如果你有機會幫助顧客，千萬別錯過時機。有一個同樣是做保險推銷的推銷員因此做成一筆大生意。

有一次，這位推銷員去見一位客戶，解說過程很短，因為對方說，他叔叔有緊急事情要辦，而且他對儲蓄險沒興趣。事實上，推銷員把檔案拿出來解說之前，該客戶就已經往外走了。

推銷員走回停在庭院的車旁，見到顧客提到的那位叔叔正跪在地上修理除草機引擎。推銷員走過去，告訴那位先生修理引擎是他最拿手的，然後立刻脫掉夾克，捲起袖口，花了一下午的時間將引擎修好了。

推銷員再度受邀回到屋裡，而女主人則留他吃晚餐。當他準備離開時，主人要求他第二天再來談儲蓄險的事。

第二天，這位推銷員自然做成了一筆交易。

你相信推銷員都是幫了顧客的忙才做成生意的嗎？不信就試試看，你會因此超越競爭者。不論何時，顧客的心理大致上都是一樣的。你經常幫助顧客，會在無形中樹立起顧客對你的信任。

02 換個思考方式，化劣勢為優勢

一九一八年，吉諾鮑洛奇生於美國明尼蘇達州一個貧窮的礦工家裡，他的童年是在饑餓中度過的。十四歲時，鮑洛奇在一家食品店當了送貨員。由於他工作賣力，認真負責，經理升他當售貨員。

鮑洛奇所在的食品店是杜魯茨食品商大衛貝沙擁有的連鎖店之一，多年來，貝沙一直想物色一位能幹的年輕人做自己的接班人。當他聽說鮑洛奇是個做生意的好手時，便把他調到杜魯茨總店，親自對他進行培訓。

鮑洛奇初到總店，做的還是原來賣水果的工作。他的水果攤就設在杜魯茨最繁華的街道，周圍有很多水果攤，各家都使出渾身解數，拼命拉顧客，競爭非常激烈。由於鮑洛奇很會掌握顧客的心理，銷售業績因此直線上升。

有次水果冷藏倉庫起火，有幾箱香蕉被烤得皮上生了許多小黑點。貝沙先生把這些香蕉交給鮑洛奇，讓他降價出售。由於香蕉外觀不佳，雖然鮑洛奇將價格降了將近一半，還是乏人問津。

該怎麼辦呢？鮑洛奇又仔細地檢查了一遍貨物，發現香蕉只是皮有點黑，裡面的肉質一點也沒有變，相反地，由於經過輕微的煙醺火烤，吃起來反倒別有一番滋味。於是隔日一大早，鮑洛奇擺上香蕉，大聲叫賣起來：「快來買呀，最新進口的阿根廷香蕉，南美風味，全城獨家專賣，大家快來買呀！」經他這麼一喊，很多人被吸引過來，攤前圍了一大群人。

鮑洛奇請一位女士親口嚐嚐「阿根廷香蕉」，並請她發表意見。女士說：「嗯，確實有種與眾不同的香味。」結果，她買了十斤。有了那位女士帶頭，再加上鮑洛奇的鼓動，這幾箱香蕉便以高出市價近一倍的價格銷售一空。

從這件事中，鮑洛奇悟出了一個道理：消費心理是非常微妙的，如果不把握這種微妙的心理作用，在商界上永遠也不可能有出奇制勝的一

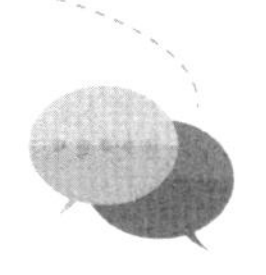

天。有這樣的領悟，鮑洛奇在銷售上越做越出色，甚至連別的公司也知道他的大名。

後來，他被尼爾遜公司挖角過去開拓北方市場。尼爾遜公司是一家頗有名氣的老牌雜貨批發公司，在聖保羅一帶具有相當的影響力，然而，不知為何，該公司始終無法打入北部地區。而鮑洛奇向尼爾遜公司提出的條件就是：「按百分之五十分紅，銷售方式由我自己決定，別人不得干涉。」鮑洛奇接手後，經常站在顧客的角色著想，並憑藉自己獨特的思維方式創造出不少新鮮的推銷方法。因此，鮑洛奇推銷的貨物量一天天地增多，他的收入也越來越可觀。由於銷售成績太好，他的收入竟超過了公司老闆。

轉換思考方式的魔力如此巨大，何不實際應用一下？

03 找到共同話題，掌握主動權

優秀的業務員都非常擅長找共同話題，他認為推銷通常是以商談的方式進行，對話之中如果沒有加入趣味性、共通性是行不通的，而且通常都是由推銷員引出話題。倘若客戶對推銷員的話題沒有一絲興趣，彼此的對話就會變得索然無味。

推銷員為了和客戶培養良好的人際關係，最好能儘快找出雙方共同的話題。所以，推銷員在拜訪客戶之前要先收集有關的情報，尤其在第一次拜訪時，事前的準備工作一定要充分。

詢問是絕對少不了的，好的推銷員在不斷地發問當中，很快就可以發現客戶的興趣。例如，看到陽臺上有很多盆栽，推銷員可以問：「你對盆栽很感興趣吧？今天花市有鬱金香花展，不知道你去看過了沒？」

在客戶附近看到的高爾夫球具、溜冰鞋、釣竿、圍棋或象棋，都可

以拿來作為話題。對異性、流行時尚等話題也要多多少少知道一些，總之最好是能無所不通地健談。

打過招呼後，就可以聊聊客戶感興趣的話題，可以讓氣氛緩和一些，接著再進入主題，效果往往會比一開始就立刻進入主題好得多。

原一平為了應付不同的客戶，每個星期六下午都會到圖書館苦讀。他研究的範圍極廣，上至時事、文學、經濟，下至家庭電器、煙斗製造、木屐修理，幾乎無所不包。

由於原一平涉獵的範圍太廣，所以不論如何努力，總是博而不精，永遠算不上是任何一方面的專家。既然不是專家，所以他的談話總是適可而止。就像醫生動手術之前先為病人打麻醉針，而談話中只要能麻醉一下客戶就行了。

在與客戶談話時，原一平的話題就像旋轉的轉盤一般，轉個不停，直到客戶對他的話題發生興趣為止。原一平曾與一位對股票很有興趣的客戶談到股市近況。但對方出乎意料地反應冷淡，莫非他把股票賣掉了嗎？原一平接著談到未來的熱門股，客戶這才眼睛發亮。原來他剛賣掉股票添購新屋。

結果他對房地產的近況反而談得很起勁，後來原一平知道，他正伺機而動，準備在恰當的時機賣掉房子，買進未來的熱門股。這場交談前後也才九分鐘。如果把他們的談話錄下來重播，過程一定都是片斷、有頭無尾。

原一平就是用這種不斷更換話題的「輪盤話術」，找出客戶的興趣所在。而等到原一平發現客戶興趣盎然，雙眼發亮時，他就藉故告辭了。

「哎呀！我忘了一件事，真抱歉，我改天再來。」原一平突然離去，客戶通常會以一臉詫異來表示意猶未盡。而他呢？既然已搔到客戶的癢處，也就為下次的拜訪鋪好了路。

要想使客戶購買你推銷的商品，首先要瞭解他的興趣和關心的問題，並將這些作為雙方的共同話題。

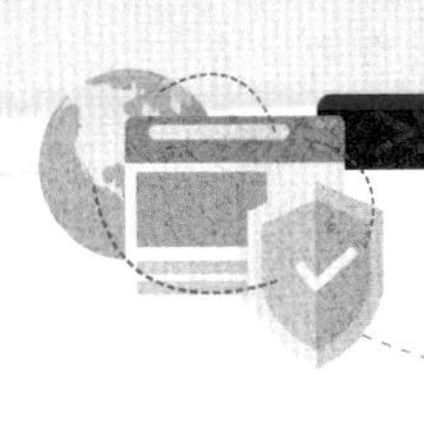

04

以顧客性格為出發點來溝通

日本推銷大師夏目志郎去拜訪一位綽號叫「老頑固」的董事長。不管夏目志郎怎麼滔滔不絕，怎麼舌燦蓮花，他就是三緘其口，毫無反應。夏目志郎也是第一次接觸到這樣的客人，於是他用起了激將法。

夏目志郎故作冷漠地說：「把您介紹給我的人說得一點沒錯，您任性、冷酷、嚴格、沒有朋友。」這時，這位董事長面頰變紅了，眼望著夏目志郎開始有了反應。他繼續說：「我研究過心理學，依我的觀察，您是面惡心善，寂寞而軟弱的人，您想以冷淡和嚴肅築起一道牆來防止外人侵入。」

這時董事長第一次露出了笑容。「你說的沒錯，我是個軟弱的人，很多時候我無法控制自己的情緒。」

「我今年七十三歲了，創業成功五十年來，我第一次見到像你這樣直言不諱的人，你有個性。是的，我拒絕別人，是為了保護自己，不讓別人靠近我的身邊。」

「我想這是不對的。您知道漢字中的『人』字是怎麼寫的嗎？『人』這個字，包含著人與人之間相互支持與信賴的意思，任何生意都從人與人的交往產生。人不需要偽裝，虛偽的面具會使內容變質。」

他們越聊越投機，最後成了好朋友，當然也成了生意往來的客戶。

對待客戶要像對待自己的朋友一樣，即要尊重，也要以平等的身分來處理雙方的關係，只有像朋友一樣對待你的客戶，你們才可能成為朋友。

布萊恩邁耶於一九四〇年出生於美國華盛頓特區。一九六二年大學畢業後進入一家貿易公司任區域銷售經理，三年後離職轉入保險推銷業。由於他廣闊的人脈網路，布萊恩的推銷業績直線上升，一九七二年正式成為美國百萬圓桌協會會員。

布萊恩在推銷過程中總是盡力地鼓勵和關心客戶，使客戶感受到溫馨，進而把他當成知心朋友，這對他的推銷工作給了很正面的幫助。十

幾年來，他因業務關係而結識的朋友不下數百人，而且大部分都保持聯繫，這又為他的推銷得到不可限量的推動作用。

有次，布萊恩去拜訪一位年輕的律師，他對布萊恩的介紹和說明絲毫不感興趣，對布萊恩本人也顯得格外冷漠。但布萊恩在即將離開他的事務所時不經意說出的一句話，卻意外地使他的態度來了個一百八十度的大轉變。

「巴恩斯先生，我相信將來你一定能成為這一行中最出色的律師，我以後不會再隨便打擾你，但如果你不介意的話，我希望能和你保持聯繫。」

這位年輕的律師馬上反問他：「你說我會成為這一行最出色的律師，這可不敢當，閣下有什麼指教呢？」

布萊恩非常平靜地對他說：「幾個星期前，我聽過你的演講。我認為那次演講非常精彩，可以說是我聽過最出色的演講之一。這不僅僅是我個人的看法，出席大會的其他會員也這樣評論你。」

這些話讓巴恩斯眉飛色舞，興奮異常。布萊恩早已看出來，於是乘勝追擊，不失時機地向他「請教」如何在公眾面前能有這樣精彩的演講。他興致勃勃地跟布萊恩講了一大堆演講的祕訣。

當布萊恩離開他的辦公室時，他叫住布萊恩說：「布萊恩先生，有空的時候希望你能再來這裡跟我聊聊。」

沒幾年時間，年輕的巴恩斯果然在費城開了一間自己的律師事務所，成為費城少有的幾位傑出律師之一。而布萊恩則一直和他保持著非常密切的來往。跟巴恩斯交往的那些年，布萊恩不忘時時告訴他自己對他的崇拜與信心，而他也時時不斷地拿自己的成就與布萊恩分享。布萊恩深以朋友的傑出成就為榮，不止一次地對他說：「我早就看出你一定會成為費城最好的大律師。」

在巴恩斯的事業蒸蒸日上的同時，布萊恩賣給他的保險也與日俱增，他們不但成了最要好的朋友，而且透過巴恩斯的牽線，布萊恩結識了不少社會名流，為他的推銷提供了許多有價值的潛在客戶。

05 讓顧客自己發現產品的優點

推銷過程中，讓顧客發現產品的優點，很快就能打開產品的銷路。

一九八二年，在艾柯卡的領導下，瀕臨破產的美國第三汽車製造公司克萊斯勒，終於走出了連續四年虧損的低潮，在這之後，如何重振昔日的雄風，是艾柯卡考慮的首要問題。他根據克萊斯勒當時的情況，決定出奇制勝，把「賭注」押在敞篷汽車上。美國汽車製造業停止生產敞篷小汽車已經十年了，因為時髦的空調和立體聲音響對於沒有車頂的敞篷汽車來說毫無意義，再加上其他原因，敞篷小汽車銷聲匿跡了。

雖然預計敞篷小汽車的重新出現，會激起老一輩駕車人對它的懷念，也會引起年輕一代駕車人的好奇，但克萊斯勒大病初愈，再也經不起折騰，為保險起見，艾柯卡採取了「投石問路」的策略。

艾柯卡指揮工人手工製造了一輛色彩鮮豔、造型奇特的敞篷小汽車。

當時正值夏天，艾柯卡親自駕駛著這輛敞篷小汽車在繁華的主幹道上行駛。在形形色色的有頂轎車洪流中，敞篷小汽車彷彿來自外星球上的怪物，吸引了一長串汽車緊隨其後。幾輛高級轎車利用其速度快的優勢，終於把艾柯卡的敞篷小汽車逼停在路旁，這正是艾柯卡所希望的。

追隨者圍住坐在敞篷小汽車裡的艾柯卡，提出一連串的問題：

「這是什麼牌子的汽車？」

「是哪家公司製造的？」

「這種汽車一輛多少錢？」

艾柯卡面帶微笑地一一回答，心裡滿意極了，看來情況良好，自己的預計是對的。

為了進一步驗證，艾柯卡又把敞篷小汽車開進購物中心、超級市場和娛樂中心等地，每到一處，就吸引了一大群人的圍觀，道路旁的情景又一次次地重現。

經過幾次「投石問路」，艾柯卡心裡有底了。不久，克萊斯勒公司正式宣佈將生產男爵型敞篷汽車。消息發佈出去後，美國各地都有大量

的愛好者預付訂金，其中還有一些女性顧客！結果，第一年敞篷汽車就銷售了兩萬三千輛，是原來預計的七倍之多。克萊斯勒公司大獲其利，實力扶搖直上，再次躋身於美國幾大汽車製造公司之列。

把自己的產品推到顧客面前，讓顧客去發現它的好處，這遠比自己費盡口舌的宣傳更有效力。拿出你的產品，讓顧客去評判，相信你會收穫很多。

06 為顧客提供人性化服務

香港著名音樂人林夕有位朋友，在日本住了幾年後，回到香港，打算開一家日本料理店，請林夕幫他選擇開店位址。

他們開車跑遍了全城，最後選出十個候選位址，作為「預備店」。然後把這十家預備店的位置、環境、佈局等各方面的優缺點列出對照表，反覆比較，最後確定三家預備店進入最後的「決賽」。

接下來，林夕的朋友請專門的市調公司，對三個預備店的市場潛力進行了專業的調查，並提交了調查報告，根據專家的意見，最後確定一處，作為開店的位址。

店面終於按照朋友的要求裝修好，朋友邀請林夕去參觀。林夕進去之後，第一感覺是舒服，第二感覺還是舒服。林夕發現，自己作為顧客，能想到的、能提出的要求，店裡都幫你做好了。有些顧客沒想到的，店

裡也幫你做好了。但是，這位朋友還是不放心，請朋友們來提意見。

林夕看著朋友覺得有些不可思議，說：「要是換成我，現在早就開店賺錢了。你快開業吧，早一天開業，就早一天賺錢。」

可是朋友說：「不行，正式開業在一個星期之後。從明天開始，我請朋友們來這裡吃飯。但是，飯不能白吃，吃完之後，每個人至少得提出一條意見。」這麼一說，朋友們都問：「為什麼？」

他說：「我在日本餐館考察時，他們永遠不會讓客人等候超過五分鐘。他們不會讓客人有任何不滿意的地方。假如現在開業，我還沒有把握。因此，我請大家來提意見。」

「你這是客氣。你要知道，這裡是香港。趕快先開業吧，發現問題隨時糾正就行了。」

「不行。我不能拿顧客做實驗。在日本的考察經驗是：開業前十天的顧客，絕大多數都會成為固定的熟客。如果前十天留不住顧客，這店就得關門。」

「為什麼？一個新店，有點不足很正常嘛！有問題下次再改不就行了嗎？」

「真的不行。在日本沒有下一次，只有一次機會。我剛到日本時，覺得日本人好傻，你說什麼他都相信，如果想騙他們，其實很容易。但是，他只會上一次當。以後，他再也不會和你往來。如果是你本人的原因犯了錯，你就得離開，根本沒有下一次機會了。」

聽到這裡，林夕明白了朋友的做法。他就是要一次成功，這是他第一次開店，也是最後一次開店，絕對不允許失敗。

請記住，人性化服務是你的賣點，這不僅僅在服務業中適用，在你推銷商品時同樣有效。推銷大師原一平說：「推銷前的奉承，不如推銷後的周到服務，這是製造永久客戶的『不二法門』。」

無論多麼好的商品，如果服務不完善，客人便無法真正滿意，服務方面的缺陷會引起客戶的不滿，進而喪失商品自身的信譽。

許多公司稱推銷員為「處理機械修理工作的人員」。機械工為客戶所做的每一次服務，都可以說是一種推銷行為。

要記住，沒有一樣產品是十全十美的。當然，產品製造得愈好，其所需的服務工作愈少，但是，如果需要服務的話，那麼這種服務一定要是最好的。這種工作應該由受過訓練的人員去擔任，並使用自己公司所製造經銷或介紹的最好的零件與材料。

商家如果不懂得服務的真諦，也不能時時反思如何把握顧客的心理，就很難在競爭激烈的市場上立足。

07 抓住顧客的優點

華森是一家電力公司的推銷員，某天，他來到一所看起來比較富有及整潔的農舍門前，不過門只打開了一條小縫，屋主查理太太從門內探出頭來。

當她得知華森是電氣公司的銷售代表後，便猛地把門關了，華森無奈，只好再次敲門，敲了很久，查理太太才將門打開，但這次僅僅是勉強開了一條小縫，華森還未說話，查理太太就毫不客氣地向他破口大罵。

雖然出師不利，華森卻並不服輸。他決定換個法子，再碰碰運氣。他頓時改變口氣，大聲地說：「查理太太！對不起打擾您了，不過我今天來拜訪您並非為了公司的事，我只是來向您買一些雞蛋。」

聽到這句話，查理太太的態度稍微溫和了一些，門也開大了一點。華森接著說道：「您家的雞長得真好，瞧牠們的羽毛多漂亮多光滑。您

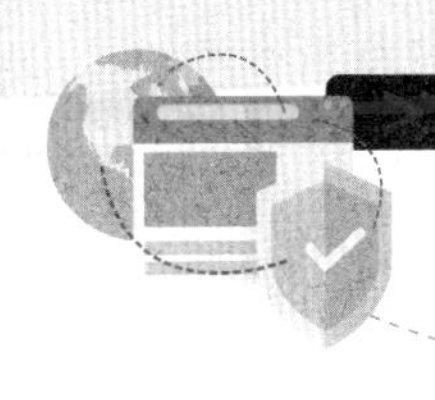

這些多明尼克種雞下的雞蛋，能否賣給我一些呢？」

門開得更大了，查理太太奇怪地問華森：「您怎麼知道我這些是多明尼克種雞？」華森知道自己的話已經打動了查理太太，便接著說道：「我家也養了一些雞，可是沒有您餵養的這麼好，飼養得這麼好的雞我還真是沒見過呢。而且，我飼養的雞，只會生白蛋，也不知道查理太太有什麼技巧。夫人您是知道的，做蛋糕的時候，用紅褐色的雞蛋，要比白色的雞蛋好很多。我太太今天要做蛋糕，需要幾個紅色的雞蛋，所以就跑您這裡來了。」

查理太太一聽感到很開心，於是不再有絲毫的戒備心理，立刻從屋裡走了出來。華森則利用這短暫的時候，瞄了一下四周的環境，發現查理一家擁有整套的酪奶設備，於是繼續恭維道：「我敢打賭，您養雞賺的錢一定比查理先生養乳牛賺得多。」

這句話說到了查理太太的心坎裡，她十分高興。因為長期以來，查理先生都不承認這件事，查理太太則總想把自己得意的事告訴別人。

他們互相交流養雞經驗，彼此間相處十分融洽，幾乎無話不談。最後，查理太太在華森的讚美聲中，主動向他請教用電的好處，華森先生給她做了詳盡的回答。兩周後，華森在公司收到查理太太送來的用電申請書，後來，華森先生便源源不斷地收到這個村落的用電訂單。

任何一個顧客都有他的優點，仔細觀察，找到顧客的優點，並真誠適當地誇大它，顧客一定會很高興的。在遭到顧客拒絕的時候千萬不要放棄，如果能像華森那樣善於觀察，你也一定能得到顧客的肯定，這樣一來，還愁產品賣不出去嗎？

08 記住客戶的名字

記住客戶的名字和稱謂也很重要。卡耐基小的時候，家裡養了一群兔子，所以找青草餵兔子成了他每天固定的工作。卡耐基年幼時家中並不富裕，常需要幫忙母親做其他的雜事，所以實在沒有充裕的時間找到兔子要吃的青草。因此，卡耐基想了一個辦法。

他邀請了鄰近的小朋友到家裡看兔子，要每位小朋友選出自己最喜歡的兔子，然後用小朋友的名字為這些兔子命名。每位小朋友有了與自己同名的兔子後，每天都會迫不及待地送最好的青草給跟自己同名的兔子吃。

名字的魅力非常奇妙，每個人都希望別人重視自己，重視自己的名字，就如同看重他本人一樣。傳說中有這樣一位聰明的堡主，想要整修他的城堡以迎接貴賓，但在當時，各項物質資源相當匱乏，聰明的堡主想出了一個好辦法：他頒發命令，凡是能提供對整修城堡有用資源的人，就把他的名字刻在城堡入口的圓柱和磐石上。命令頒發不久，大樹、花卉、怪石……都有人絡繹不絕地捐出。

瞭解名字的魔力，能讓你很快地就能獲得別人的好感，所以，如果你是一個推銷人員，千萬不要疏忽了它。銷售人員在面對客戶時，若能經常流利地以尊稱的方式稱呼客戶的名字，客戶對你的好感也將愈來愈濃。專業的銷售人員會密切注意，潛在客戶的名字有沒有被媒體報導，若是你能帶著刊載有潛在客戶名字的剪報，拜訪你初次見面的客戶，他能不被你感動嗎，能不對你心懷好感嗎？

一八九八年，紐約石地鄉發生了一起悲慘的事件。

村裡有個孩子死了，鄰居正準備去參加葬禮。那天地上積滿了雪，天氣寒冷，法萊到馬棚去牽馬出來。那馬好幾天沒有運動了，所以當牠被引到水槽旁時，就在原地打轉，雙蹄騰空，竟將法萊踢死了。一個星期內，這個小小的村子就舉行了兩次喪禮。法萊留下妻子，三個孩子，還有幾百美元的保險。

他十歲的長子吉姆到磚廠去工作，任務是把泥沙倒進模具中，然後將其放到一邊，讓太陽曬乾。

這個男孩從未有機會接受過教育，但他有著愛爾蘭人樂觀的性格和討人喜歡的本領，後來他參政了，經過多年以後，他練就了一種記憶人名的奇異能力。

他從未見過中學是什麼樣子，但在他四十六歲以前，四所大學已授予他學位，他成為了民主黨全國委員會的主席，美國郵政總監。

記者有一次訪問吉姆，問他成功的祕訣。

他反問記者：「你以為我成功的原因是什麼。」記者回答說：「我知道你能叫出一萬人的名字來。」

「不，你錯了，」他說，「我能叫出五萬人的名字！」

正是他的這種能力，後來幫助羅斯福進入了白宮。

在吉姆為一家石膏公司做推銷員四處遊說的那些年中，他發明了一種記憶姓名的方法。最初，方法極為簡單。無論什麼時候遇見一個陌生人，他就要問清那人的姓名，家中人口，職業特徵。當他下次再遇到那人時，儘管那是在一年以後，他也能拍拍他的肩膀，問候他的妻子兒女、他後院的花草。難怪他也得到了別人的重視！

在羅斯福開始競選總統前的數個月，吉姆一天寫數百封信，發給西部及西北部各州的人。然後他乘馬車、火車、汽車、快艇遊經二十個州，每進入一個城鎮，就跟他們用心交談，然後再開始下段旅程。

回到東部以後，他立刻給那些拜訪過城鎮中的每個人寫信，請他們將他所談過話的客人名單寄給他。

到了最後，那些名單多得數不清；但名單中每個人都得到吉姆一封巧妙的私函。這些信都用「親愛的比爾」或「親愛的傑」開頭，而它們總是簽著「吉姆」的大名。

吉姆很早就發覺，一般人對自己的名字最感興趣。

「記住他人的姓名並十分自然地叫出，你便是對他進行了巧妙而很有效的恭維。但如果忘了或記錯了他人的姓名，你就會置自己於極不利的地位。例如我曾在巴黎組織一次演講的課程，我給城中所有的美國居民發出過一封印刷信。這位法國打字員英文不好，輸入姓名時發生了錯

誤。有一個人是巴黎一家美國大銀行的經理，便回給我一封咄咄逼人的責備信，就只是因為他的名字被拼錯了。可見，記住人家的名字是多麼重要！」吉姆這麼說。

09 善於激發顧客的同情心

曾有位推銷員，向一家位於郊區的公司進行推銷，幾個月下來，毫無進展。

這天，他按照約定再次前往推銷。不料，車子在半路上抛錨，前不著村，後不著店，沒有公車，甚至路過的車也沒有。他一咬牙，就在大太陽下邁開了雙腳，用走的趕到那家公司，見到對方經理後，這位推銷員便一頭暈倒在地。

等他醒來，對方立即表示要和他簽約，寧可放棄另一家公司推銷員承諾的優厚條件。這位「幸運的」推銷員喜出望外，問對方為什麼這麼做，對方說：「你竟然冒著烈日趕來，差點丟了性命，我們實在是太感動了。這樣的人，我們信得過！」

讓顧客看到你的真誠，用你的行動去打動顧客，這是推銷取勝的一

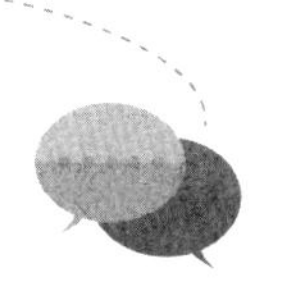

個關鍵因素。

某年八月下旬，颱風掃過北部，臺北市內到處積水，很多公司關緊門窗，安排員工休息。有位保險推銷員本來和一位住在郊區的客戶約好，當天上午去簽約，但是一看有颱風，就沒有去，等到下午風雨小了些，才跑到客戶那裡，客戶卻告訴他：已經買了保險！

原來，另一家保險公司的兩個推銷員在上午風勢最猛時，坐計程車去拜訪，客戶被冒雨登門的推銷員們感動了，當即決定和他們簽了合約。

如果你和對方約好商談時間，就絕不能擅自更改，太陽、風、雨、雪，都能為你所用。當然，一身清爽地出現在對方面前可以抬高你的身價，還可以強化你的專業形象，但被曬得頭髮冒煙，被雨淋得像落湯雞，被風吹的一頭亂髮，被泥濘弄髒鞋襪和褲子等等，都會使你看起來更像一個正常的人、一個比較脆弱的人，進而激發對方的愛心。同情弱者是人類的本能。那麼準時抵達呢？當然會加強你守信用的形象。

激發顧客同情心的同時，讓他們充分感到了優越感。任何人都是同情弱者的，相比之下，你離成功就近了很多。

IO 分享客戶的喜悅

有時接近客戶並不需要什麼客套話，在一次推銷員大會上原一平聽到一個超級推銷員分享了他的故事：

那是我第一次獨自去大城市推銷，一出車站就分不清東西南北了。好不容易找到客戶的商店，他正忙著招呼顧客，三歲的小兒子獨自在地板上玩耍。小男孩很可愛，我們很快就成了朋友。

客戶一忙完手中的事，我就趕緊做自我介紹。他說很久沒有買我們的產品了。我沒有急著推銷，只談他的小兒子。

後來他對我說：「看來你真的喜歡我兒子，晚上就來我家參加他的生日晚會吧，就在附近。」

我到街上逛了一圈，就去了他家。

大家都很開心，我一直到最後才離開，當然手裡多了一筆訂單，那是一筆我從未有過的大訂單。我沒有極力推銷什麼，只不過對客戶的小兒子表示友善而已，就和客戶建立了良好的關係，並達到了目的。

當然，並不是誰都有機會和客戶的小兒子玩，也不是總能知道客戶到底喜歡什麼，但還是有方法和客戶交上朋友。

在會上另一個相當成功的推銷員也講了個故事：「許多年前，我還很年輕的時候，曾試著向一位大製造商推銷產品，但一直未能如願。某天我又去他的辦公室，他滿臉不高興的說：『現在沒空，我正要出去吃午飯。』我想不能遵守常規了，就大著膽子說：『我能和您一起吃飯嗎？』他有些驚訝，但還是說：『那好吧。』

吃飯的時候，推銷的事我隻字未提。回到辦公室，他給了我一張小訂單——這是我一直想要的，在那之後我得到了源源不斷的訂單。我做了什麼嗎？其實什麼也沒做，只是聽他說。他說了好多，我想那都是他自己喜歡的。」

原一平聽完這些故事後說，好好對待客戶做起來很簡單，只要你真誠地尊重他，懂得分享他的喜悅。

II

從滿意的客戶處獲得更多的業務

要從滿意的客戶那裡獲得更多的業務與推薦，就要主動提出來。不開口要，怎麼能得到？我們大部分人都不會這麼做。一旦你想當然地認為這個客戶是你的，你便失去了為他們提供更好服務的機會，進而不能長久地留住他們。失去機會並不危險，危險在於失去一個好客戶。

有次，我們想把一筆錢存入某家外商銀行的定存帳戶，以獲得穩定的利息收入並防止幣值波動。職員讓我們填了一些表格，並就我們的業務和財務規劃問了幾個問題。他很高興地照我們的話去做，同時也問我們，是否同意他提出一些對我們更合適的建議。

隨後，他看了我們的財務報表，又問了一些問題。他告訴我們，以我們的擔保資產和財務狀況，應該可以從銀行獲得更多的幫助。他建議重新組合我們的財務方案，並邀請我們與他的老闆共進午餐。

午餐時，他老闆和另一位國外貨幣專家，告訴我們更多預防金融風險的策略，以及如何將其與我們的業務聯繫起來。這次午餐讓我們獲得了很大的啟發。我們又回請他們打高爾夫球，不久我們便和他們簽約，把所有的業務都轉到這家外商銀行來了。

這家外商銀行渴求商機，並很注重發展一種健康的、富有成效的客戶關係。他們願意多花一些精力更加深入地瞭解客戶的需要，而不是簡單地按客戶所說的去做。他們已經超越了那種只是提供簡單客服的服務模式。一旦他們看到了機會，便很快地組織專家展開工作。面對這樣的挑戰，在地的銀行不得不開始關注他們的客戶群、捕捉機會並爭取更多的業務了。

你必須開始認真而持續地關注當前客戶的情況，以及他們新的期望和要求。你需要在分析客戶過去與你或者你的競爭者合作時的消費模式後，制定出行動計劃。簡而言之，要把原來的客戶當作一個新的潛在客戶，認真進行調查、盡力研究。他們值得你提供最好的服務，進行最密切的關注。

你的競爭者和新對手也始終在爭取你的客戶，特別是那些利潤大、有吸引力的客戶。不能掉以輕心，要做的不只是維持客戶關係，而應該經由不斷增加和提高服務的種類和品質，來適應他們不斷增長的期望。

不要想當然地認為這個客戶就是你的。多獲取一些資訊，主動要求並努力爭取，直到獲得你想要的業務機會。不要有絲毫放鬆，否則競爭對手將會輕鬆地佔領你的地盤，而你從此將不再有機會。

要想辦法將非長期的客戶變成長期客戶，將小客戶變成大客戶，讓客戶變成自己的宣傳者。要不斷研究他們持續成長的需求，以及他們除你之外還從那裡購買。要瞭解你在他們的支出和考慮中占多大的比率。你是否是他們的第一選擇？如果不是，則要繼續努力。

分析一下客戶對你和其他供應商的滿意程度，你處在什麼位置上？如果在最底層，那就要加倍努力來滿足客戶的需求。

12 銷售就要與眾不同

進入大學念書的第一個學期前不久，普賴爾開始推銷魯克斯公司的真空吸塵器。那時候，公司裡的推銷員大多是挨家挨戶地上門推銷來拉生意。

雖然當時普賴爾年僅十八歲，但不用多久，他就從工作中體會到：越是拋頭露面，眾所皆知，賣出去的產品就越多。這就意味著，普賴爾得想盡辦法讓越多的人認識普賴爾，認可普賴爾，進而使他們一旦決定購買真空吸塵器，立刻就想到普賴爾。

普賴爾的汽車就是他的辦公室。在工作了十八個月之後，普賴爾決定買一輛貨車。他認識到，每天的推銷就好比打仗，如果既有槍炮，又有充足的彈藥，他就會無往不利，普賴爾的貨車總是裝滿了各式各樣的真空吸塵器樣品，包括不同種類的儲塵罐、吸塵杆和商用機器。普賴爾甚至還備有包括地毯清洗劑、地板蠟、刷子等在內的存貨和說明書的詳細清單，就是這樣，無論人們想要什麼，普賴爾總能拿出適當的商品提供給他們。

最重要的，普賴爾是一名積極的推銷員。他總是力圖讓人們認識到，他所做的一切都是為了讓人們生活得更加美好舒適。

在貨車上，普賴爾刷上醒目的標識：「魯克斯銷售與服務——普賴爾」。自然上面也有普賴爾的電話號碼。普賴爾的戰略是要讓所有的人都看到它、注意它，記下電話號碼，甚至最好招手讓普賴爾把車停在路邊。那樣他就獲得了向他們推銷的機會。

普賴爾相信，售後服務在今天的工業社會中至關重要。要想成為一個聲名卓著的「魯克斯人」，普賴爾認為自己的突破點就在這裡。無論城市或鄉村，人們都能看到普賴爾的貨車。他們知道，一旦需要服務時，普賴爾就會立刻出現。

一天晚上，普菜爾和另外大約四十名同公司的推銷員，參加了在假日賓館舉行的每月動員大會。與會者中，唯有普賴爾帶著自己的貨車，

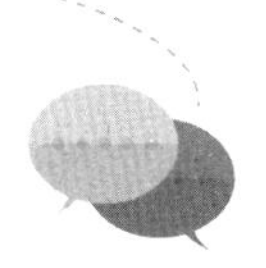

很多人因此取笑他。會議在晚上十點鐘結束，當普賴爾向停車地點走過去時，一位女士走近普賴爾。「這就是你的魯克斯貨車？」她問道。

「是，夫人。」

「這個主意可真不賴。」她接著說，「你是賣魯克斯公司的機器呢，還是僅僅為他們的產品提供服務的？」

「不，就是上面寫的啦，銷售和服務普賴爾都做。」

「真是太好了，我是這個旅館的經理，你這裡有些機器對我們很有用的。」

那天晚上，普賴爾拿下了一張有三十套產品的訂單，這是普賴爾當時所獲得的最大訂單。在那次交易後，多年以來，普賴爾一直為這家旅館提供各種各樣的商品及相關服務。

推銷中我們需要的就是與眾不同。真正讓自己的產品或服務達到與眾不同，你離成功也就很近了。

叫我第1名
事半的功倍
銷售成交術

CHAPTER 4

讓你成為銷售冠軍

01 尋找一個團體中的領導人物

如果想在你所有的人脈中，得到更多的人力資源，必須先以其中一人為中心向外擴張，假設你認識兩百五十個人，借由這最初的兩百五十個人脈關係，從中再尋找可以讓你和其他人脈網搭上關係的橋梁，如此周而復始地推動，將每一個人的兩百五十條人脈緊緊地串聯在一起，這就是直銷界經常使用的推薦模式。

透過不斷聯絡經營，認識的人會源源不絕，真可謂「取之不盡，用之不竭」！所以良好的人際關係，全看自己如何去推動。如果要驗證自己的人脈網路是否豐富，可以隨意走到任何的公共場合中，假如時常遇見認識的人和自己打招呼，即證明你的人際關係已經是相當成功了。

此外，通常在推銷中尋找領導人時，也要充分尊重其他人。僅僅尊重是不夠的，要讓所有的人變成潛在客戶才行。

首先，訪問重要人物時，注意做好拜訪過程中遇到的人的關係。比如說，即使你明明知道大人物的住處或辦公室，但也可以在途中找個人問一問，創造辦完事回過頭來再和那個人接觸的良機。簡單地說，讓你所接觸的人們都變成潛在客戶。要知道，不管你推銷什麼，任何人都有可能對你的推銷產生影響。平時注意「小人物」已經不那麼容易，談「大生意」時，就更難了。光顧著領導人，冷落其他人的事例太多了。

經常聽到有些專業推銷員說自己跟誰「很熟」，但一問到一些細節，他就答不上來。「熟人」和「潛在客戶」是有明顯區別的。要是把別人當成潛在客戶，你就要瞭解清楚對方的姓名、年齡、籍貫、性格、經濟狀況、愛好等等，在此基礎上，再認真地進行商談，對方才會由熟人變成潛在客戶，進而成為客戶。

請記住，當你與一位經理、廠長、部長洽談大生意時，與祕書、主任、司機等人先成交小生意的可能性非常大。除了成交真正的生意外，贏得這些「小人物」的心也要比爭取「大人物」的好感容易得多。

養成多說一句話的習慣，請人跟別人介紹自己和產品。

「這樣的好東西，跟親戚朋友多說一說。」

「你知道誰特別需要這種產品嗎？請給我介紹一下。」

成交也好，暫時未能成交也好，你多說一句總是沒什麼壞處的，因為你已經撒下了一粒成功的種子！

02 開發有影響力的中心人物

開發有影響力的中心人物，需要利用中心開花法則。中心開花法則就是推銷人員在某一特定的推銷範圍裡，發現一些具有影響力的中心人物，並且在這些中心人物的協助下，把該範圍裡的個人或組織都變成推銷人員的潛在顧客。

實際上，中心開花法則也是連鎖介紹法則的一種推廣運用，推銷人員透過所謂「中心人物」的連鎖介紹，開拓其周圍的潛在顧客。

中心開花法則所依據的理論，是心理學的光環效應法則。心理學原理認為，人們對於在自己心目中享有一定威望的人物是信服並願意追隨的。因此，一些中心人物的購買與消費行為，就可能在他的崇拜者心目中形成示範作用與先導效應，進而引發崇拜者的購買與消費行為。

實際上，任何市場概念及購買行為中，影響者與中心人物是客觀存在的，他們是「時尚」在人群傳播的源頭。只要瞭解和確定中心人物，使之成為現實的顧客，就有可能發展與發現一批潛在顧客。

利用這種方法尋找顧客，推銷人員可以集中精力向少數中心人物做細緻的說服工作；可以利用中心人物的名望與影響力提高產品的聲望與美譽度。但是，利用這種方法尋找顧客，把希望過多地寄託在中心人物身上，而這些所謂中心人物往往難以接近，進而增加了推銷的風險。如果推銷人員選錯了消費者心目中的中心人物，有可能弄巧成拙，難以獲得預期的推銷效果。

在你推銷商品時，常常有這樣的情況：一個家庭或一群同伴們一起來跟你談生意，做交易，這時你必須先準確無誤地判斷出其中的哪位對這筆生意具有決定權，這對生意能否成交具有很重要的意義。

如果你找對了人，將會給你的生意帶來很大的便利，也可讓你有針對性地與他進行交談，抓住他某些方面的特點，把你的商品介紹給他，讓他覺得你說的正是他想要的商品的特點。

相反，如果你開始就盲目地跟這一群人中的某一位或幾位介紹你的

商品如何如何，把真正的決定者冷落在一邊，這樣不僅浪費了時間，而且會讓人看不起你，認為你不是做生意的人，連最起碼的資訊：決定權掌握在誰手裡都不知道，那你的商品又怎能令人放心。

如何確定誰是這筆交易的決定者，很難說有哪些方法，只有在長期的實踐過程中，經常注意這方面的情況，慢慢摸索顧客的心理，才能做到又快又準確地判斷出誰是決定者。

不過，這裡可介紹幾種比較常見但又比較容易讓人判斷出錯的情況。當你去一家公司推銷沙發時，正好遇到一群人，當你向他們介紹沙發時，他們中有些人聽得津津有味，並不時地左右察看，或坐上去試試，同時向你詢問沙發的一些情況，並不時地做出一些評價等。而有些人則對沙發無動於衷，一點也不感興趣，站在旁邊，似乎你根本就不在旁邊推銷商品。

這兩種人都不是你要找的決定人。當你向他們提出這樣的問題：「你們公司想不想買這種沙發？」「我覺得這沙發放在辦公室裡挺不錯的，貴公司需不需要？」他們便會同時看著某一個人，這個人便是你應找的領導人，他能決定是否買你的沙發。

當你在推銷洗衣機時，一個家庭的幾位成員過來了，首先是這位主婦說：「哦，這洗衣機樣式真不錯，體積也不大。」然後長子便開始對這台洗衣機大發評論，還不停地向你詢問有關的情況。這時你千萬不要認為這位長子便是決定者，進而向他不停地講解，並詳細地介紹和回答他所提出的問題，而要仔細觀察站在旁邊不說話，但眼睛卻盯著洗衣機在思索的父親。

應上前與他搭話，「您看這台洗衣機怎麼樣，我也覺得它的樣式好看」。然後再與他交談，同時再向他介紹其他的一些性能、特點等。因為這位父親才是真正的決定者，而你向他推銷、介紹，比向其他人介紹有用得多，只有讓他對你的商品感到滿意，你的交易才可能成功，而其他人的意見對他只具有參考價值。

在有些場合下，你一時難以判斷出誰是他們中的決定者，這時你可以稍微改變一下提問的方式。比如，你可以向這群人中的某一位詢問一些很關鍵、很重要的問題，這時如果他不是領導者，他肯定不能給你準

確明瞭的答案，而只是一般性地應答，或是讓你去找他們的領導者。如果你正碰上領導者，那麼他就能對你提出的重要的問題給予肯定回答。

這種比較簡單的試問法，可以幫你儘快地、準確地找到你所想要找的決定者。因此，能使你更有效地進行推銷活動，避免了時間上的浪費，提高了你對商品推銷說明的效率。

03 製造融洽的銷售氣氛

在推銷洽談的時候，氣氛是相當重要的，它關係到交易的成敗。只有當推銷員與顧客之間感情融洽時，才可以在和諧的洽談氣氛中推銷商品。推銷員把顧客的心與自己的心之間的相通稱為「溝通」。即使是初次見面的人，也可以由性格、感情的緣故而「溝通」。

那麼，怎樣才能創造融洽的氣氛呢？要注意的地方很多，比如時間、地點、場合、環境等等。但最重要的一點是：推銷員應當處處為顧客著想。

年輕氣盛、沒有經驗的推銷員在向顧客推銷產品時，往往不願傾聽顧客的意見，自以為是，盛氣凌人，不斷地同顧客爭論，這種爭論又往往發展成為爭吵，因而妨礙了推銷的進展。要知道，在爭吵中擊敗客戶的推銷員往往會失去達成交易的機會。推銷員不是靠跟顧客爭論來贏得

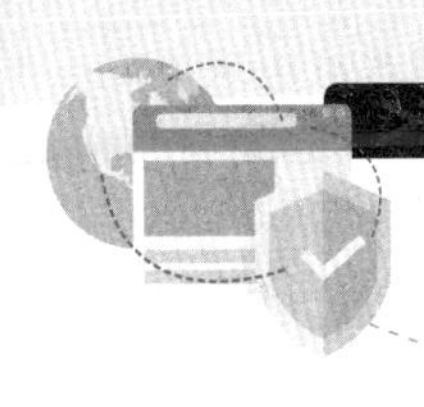

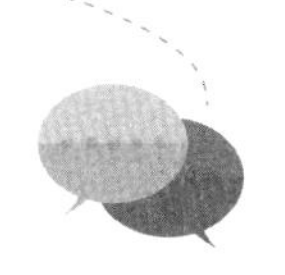

顧客的。同時，推銷員也應該知道，顧客要是在爭論中輸給推銷員，就沒有興趣購買推銷員的產品了。

沒有人喜歡那些自以為是的人，更不會喜歡那些自以為是的推銷員。推銷員對那些自作聰明者的不友好建議很反感，就算是友好的建議，只要它不符合推銷員的願望，有時推銷員也同樣會感到很反感。所以，有些推銷員總是願意與顧客進行激烈的爭論。可能他們忘記了這樣一條規則：當某一個人不願意被別人說服的時候，任何人也說服不了他，更何況是要他掏腰包。

要改變顧客的某些看法，推銷員首先必須使顧客意識到改變看法的必要性，讓顧客知道你是在為他著想，為他的利益考慮。改變顧客的看法，要透過間接的方法，而不應該直接地影響顧客。要使顧客覺得是他們自己在改變自己的看法，而不是其他人或外部因素強迫他們改變看法。

在推銷洽談開始的時候，要避免討論那些有分歧意見的問題，著重強調雙方看法一致的問題。要儘量縮小雙方存在的意見分歧，讓顧客意識到你同意他的看法，理解他提出的觀點。這樣，洽談的雙方才會有共同的話題，洽談的氣氛才會融洽。

因為你越同意顧客的看法，他對你的印象就越深，推銷洽談的氣氛對你就越有利。

如果你為顧客著想，顧客也就能比較容易地接受你的建議。有時候必要的妥協有助於彼此互相遷就，有助於加強雙方的聯繫。推銷員不應過多地考慮個人的聲譽問題，一個過分擔心自己的聲譽受到損害的推銷員，很快就不得不擔心他的推銷。

在推銷洽談中即使在不利的情況下也應該努力保持鎮靜。當顧客說推銷員準備向他兜售什麼無用東西時，應當友好地對他笑一笑，並且說：「無用的東西？我怎麼會推銷那些呢？特別是我怎麼能向您這樣精明的顧客推銷那些東西呢？我為什麼要和您開那樣的玩笑呢？您想一想，還有什麼比我們之間的友誼更重要？」

有時候，推銷洽談會出現僵局，雙方都堅持己見，僵持不下。如果出現這種情況，明智的推銷員會設法緩和洽談的氣氛，或者改變洽談的話題，甚至把洽談中斷，待以後再進行。總之，決不在氣氛不佳的情況

下進行洽談。

在空間上和客戶站在同一個高度，是使氣氛融洽的很好的一個方法。回想一下，你被上級叫去面對面地站著講話的情景，大概就可以體會到那種使人發窘的氣氛。人是在無意識中受氣氛支配的，最能說明問題的事例便是日本的ＳＦ經營方法。其方法是等顧客多起來後，運用獨特的語言向人們發起進攻，讓人覺得如失去這次機會，就不可能在如此優越的條件下買到如此好的東西，抱有此種觀點的顧客事後都發現「糊裡糊塗地就買了」。這種人太多了。

再次推銷時，常常要說「對不起，能否借把椅子坐？」若不是過於拙劣是絕不會被拒絕的。如一邊說著「科長前幾天談到的那件事……」，一邊靠近對方身體，進而進入了同等的「勢力範圍」，這樣做既能從共同的角度一起看資料，又能形成親密氣氛。不久，顧客本人也會較快地意識到並增添了雙方的親密感。空間上的恰當位置是促進人與人之間關係的輔助手段，是一種非常重要的手段。

04 讓顧客儘量說「是」

著名推銷大師陶德鄧肯在推銷時，總愛向客戶問一些主觀答「是」的問題。

他發現這種方法很管用，當他問過五、六個問題，並且客戶都答了「是」，再繼續問其他關於購買方面的知識，客戶仍然會點頭，這個慣性一直保持到成交。

陶德鄧肯一開始搞不清裡面的原因，當他讀過心理學上的「慣性」後，終於明白了，原來是慣性的心理使然。他急忙請了一個內行的心理學專家為自己設計了一連串的問題，而且每一個問題都讓自己的客戶答「是」。利用這種方法，陶德鄧肯締造了很多大額保單。

優秀的推銷員可以讓顧客的疑慮通通消失，祕訣就是儘量避免談論讓對方說「不」的問題。而在談話之初，就要讓他說出「是」。銷售剛

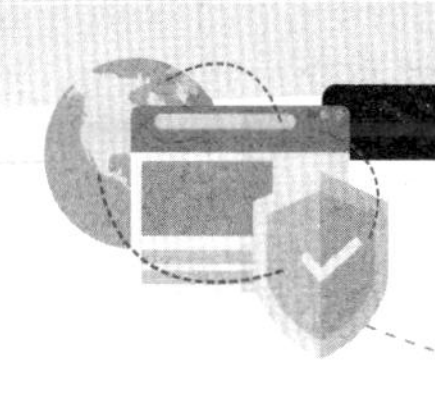

開始時，頭幾句話是很重要的，例如，「有人在家嗎？……我是XX汽車公司派來的。是為了轎車的事情前來拜訪的……」

「轎車？對不起，我現在手頭緊得很，還不到買車的時候」。很顯然，對方的答覆是「不」，一旦客戶說出「不」後，要使他改為「是」就很困難了。因此，在拜訪客戶之前，首先就要準備好讓對方說出「是」的話題。

關鍵是想辦法得到對方的第一句「是」。這句本身，雖然不具有太大意義，但卻是整個銷售過程的關鍵。

「那你一定知道，有車庫比較容易保養車子嘍？」除非對方存心和你過不去。否則，他必然會同意你的看法。這麼一來，你不就得到第二句「是」了嗎？

優秀的推銷員一開始同客戶會面，就會留意向客戶做些對商品的肯定暗示。

「夫人，您的家裡如果能裝飾上本公司的產品，那肯定會成為鄰里當中最漂亮的房子！」

當他認為已經到了探詢客戶購買意願的最好的時機，就這樣說：

「夫人，您剛搬入新落成的高級住宅區，難道不想買些本公司的商品，為您的新居增添幾分現代風情嗎？」

優秀的推銷員在交易一開始時，利用這個方法給客戶一些暗示，客戶的態度就會變得積極起來。等到進入交易過程中，客戶雖對優秀的推銷員的暗示仍有印象，但已不認真留意了。當優秀的推銷員稍後再試探客戶的購買意願時，他可能會再度想起那個暗示，而且還會認為這是自己思考得來的呢！

客戶經過商談過程中長時間的討價還價，辦理成交又要經過一些瑣碎的手續，所有這些都會使得客戶在不知不覺中，將優秀的推銷員預留給他的暗示，當作自己獨創的想法，而忽略了它是來自於他人的巧妙暗示。

因此，客戶的情緒受到鼓勵，肯定會更熱情地進行商談，直到與推銷員成交。

「我還要考慮考慮！」這個藉口也是可以避免的。一開始商談，就

立即提醒對方應當機立斷就行了。

「你有目前的成就，我想，也是經歷過不少大風大浪吧！要是在某一個關頭稍微一疏忽，就可能沒有今天的你了，是不是？」不論是誰，只要他或她有一點成績，都不會否定上面的話。

等對方同意甚至大發感慨後，優秀的推銷員就會接著說：

「我聽很多成功人士說，有時候，事態逼得你根本沒有時間仔細推敲，只能憑經驗、直覺而一錘定音。當然，一開始也會犯些錯誤，但慢慢地判斷時間越來越短，決策也越來越準確，這就顯示出深厚的功力了。猶豫不決是最要不得的，很可能壞大事呢。是吧？」

即使對方並不是一個果斷的人，他或她也會希望自己是那樣的人，所以對上述說法點頭者多，搖頭者少。因此下面的話，就順理成章了：

「好，我也最痛恨那種優柔寡斷，成不了大器的人。能夠和你這樣有決斷力的人談，真是一件愉快的事情。」這樣，你怎麼還會聽到「我還要考慮考慮！」之類的話呢？

任何一種藉口、理由，都有辦法事先堵住，只要你好好動腦筋，勇敢地說出來。也許，一開始，你運用得不純熟，會碰上一些小小的挫折。不過不要緊，總結經驗教訓後，完全可以充滿信心地事先消除種種藉口，直奔成交，並鞏固簽約成果。

05 從購買習慣出發策劃

卡爾是一個沒有多高學歷但極具學習力和悟性的人。他高中未畢業就被學校退學，退學後他到小旅館洗過盤子，擦過地板，後來又到一家小型鋸木廠當學徒，再後來到工地做挖水井工作，最後才踏進推銷這一行來。

他善於學習，讀過推銷方面的書籍不下三千本，他不斷地閱讀書籍文章來充實自己；他向同行前輩、推銷高手學習。經過多年的實踐和累積，他擁有了一整套最廣泛、最有效的推銷方法。

卡爾曾經賣過辦公室用品。有次他去拜訪一家電腦公司，他對電腦公司的採購主管介紹完產品之後，就等待著對方的回應。但他不知道對方的採購策略是什麼。於是他問：「您曾經買過類似這樣的產品或服務嗎？」

對方回答說：「那當然。」

「您是怎樣做決定的？當時怎麼知道這是最好的決定？採用了哪些步驟去做結論？」卡爾繼續問。

他知道每個人對產品或服務都有一套採購策略。人都是習慣性動物。他們喜歡依照過去的方法做事，並且寧願用熟悉的方式做重要決策，而不願更改。

「當時是有三家供應商在競標，我們考慮的無非是三點：一是價格，二是品質，三是服務。」採購員說。

「是的，您的做法是對的，畢竟貨比三家不吃虧嘛。不過，我可以給您提供這樣的保證：不管您在其他地方看到什麼，我向您保證，我們會比市場中其他任何一家公司更加用心為您服務。」

「嗯，我可能還需要考慮。」

「我瞭解您為什麼猶豫不決，您使我想起ＸＸ公司的比爾，他當初購買我們產品的時候也是一樣猶豫不決。最後他決定買了，用過之後，他告訴我，那是他曾經做過的最好的採購決定。他說他從我們的產品中

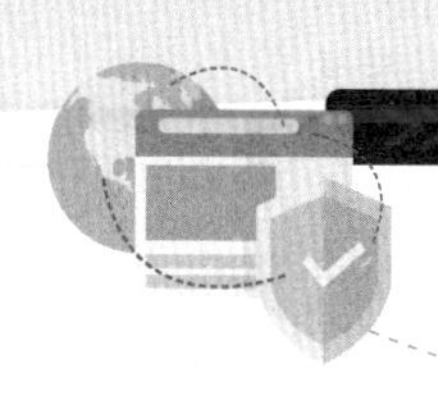

享受的價值和快樂遠遠超過多付出一點點的價格。」

卡爾知道講故事是最能令顧客留下深刻印象的。卡爾的成功經驗告訴我們，推銷中必須不時轉換策略，開發高回報的客戶。

要成為優秀的推銷員，你必須具有隨時考慮各種策略，不斷努力，達到目的的能力和素質。

如果你的表現讓你的顧客覺得你很有敬業精神，可能產生這樣的效果：即便你不積極地去爭取，顧客也會自動上門。能夠做到這點的絕對是一個卓越的推銷員。

如果你的老顧客對你抱有好感，就會為你帶來新的顧客。他會介紹自己的朋友來找你。但是這一切的前提是你用自己魅力確實感染了他。而且你們之間有一種信任的關係，也許是那種由於多次合作而產生的信任關係。但不一定是朋友的關係。因為總是有一些人把工作和生活分得很清楚。

其實，只要讓你的老客戶對你產生了這樣的好感，他會對他的朋友介紹說：「我經常和某某公司的某某合作。他很親切而且周到，我對他很有好感。」既然是朋友的推薦，那位先生一定會說：「既然這樣，那我也去試試看。」這對推銷員來說，就等於是別人為你開了財路。

當你一旦建立起一個良好的客戶接近圈，並能駕馭這張人際網良性運作時，你就會看到銀行整天的忙碌，都是為了把所有客戶的錢從他們的帳戶上轉到你的帳戶上，你就會覺得所有「財神爺」的口袋都是向你敞開著的。

06 迷住你的客戶

香港鉅賈曾憲梓在發跡之前，曾有一次背著一箱領帶到一家外國商人的服裝店推銷。服裝店老闆打量了一下他的寒酸相，就毫不客氣地請曾憲梓馬上離開店鋪。

曾憲梓快快不樂地回家後，認真反省了一夜。

第二天一早，他穿著筆挺的西服，又來到了那家服裝店，恭恭敬敬地對老闆說：「昨天冒犯了您，很對不起，今天能不能賞光吃早茶？」

服裝店老闆看了看這位衣著講究、說話禮貌的年輕人，頓生好感。兩人邊喝茶邊聊天，越談越投機。

喝完茶後，老闆問曾憲梓：「領帶呢？」

曾憲梓說：「我今天是專程來道歉的，不談生意。」

那位老闆終於被他的真誠所感動，敬佩之心油然而生，他誠懇地說：

「明天你把領帶拿來，我幫你賣。」

用你的人格魅力去吸引顧客，也是很好的一個辦法。

阿特海瑞斯是WRGB零售部經理，WRGB是紐約通用電器公司的電視臺之一。他認為只有當推銷員吸引住潛在顧客時，才能創造適當的推銷環境。

有位先生是個很難對付的脾氣暴躁的人。他總是很敷衍地聽別人講話。但在他的辦公室中卻無線索可尋。海瑞斯毫無頭緒，後來他在這位先生所在的城市訂了份報紙，當時這位先生有一批石油生意要成交。

「報紙的第一期刊登了這位先生的一封信。」海瑞斯說，「他對拆掉一座有八十年歷史的旅館不滿，那家旅館是應被保護的歷史建築。」

海瑞斯馬上給這位先生寫了封信，對其反抗與不滿予以支持，還隨信寄去了一本該地區的歷史旅遊景點手冊。

「於是我收到了所有潛在顧客來信中最友好的一封回信。」海瑞斯說道，「只有三個人對其刊登的信予以了評論。他沒想到事隔這麼久仍會有人看到它。」

海瑞斯成功了，這位先生連續六年購買該公司的電視時間。

推銷員要走近顧客，但不能莽撞，不要主動說：「你有個十歲大的孩子，我也有，他入團了嗎？」海瑞斯總是跟著顧客的思路走，顧客不提及家庭，他不會主動提及。

「另一位先生與我簽訂了一份電視時間的購買訂單。」海瑞斯說，「當我們熟悉了之後，就一同去了聖地牙哥。在商務或社會活動期間這位先生從未提及家裡的事。當他提起不久之後的日本之行時，我也未問他是否與夫人同行。」

後來海瑞斯才知道這位先生剛剛失去了妻子。若他當年問了「你妻子怎麼樣？」該有多尷尬。

阿特海瑞斯懂得迷住顧客的價值，推銷也意味著在雙方關係進程中要與對方保持親近與友好。

07 引導客戶說出心裡話

推銷人員要與客戶保持聯繫，打電話或是順道拜訪都可以，而且這些行動得在你的產品一送到他手上，或你一開始提供服務時就開始進行。你得探詢他對產品是否滿意，如果不是，你得設法讓他心滿意足。

要注意的是，千萬別問他：「一切都還順利嗎？」

你的客戶一定會回答：「喔！還好啦！」

然而，事實未必如此，他也許對你的商品不滿意，但他不見得會把他的失望和不滿告訴你，可是他一定會跟朋友吐苦水。

如此一來，名聲毀了，介紹人跑了，生意也別想再繼續了。

難道你不想給自己一次機會，讓客戶滿意嗎？

你曾在外面享用豐富美味的大餐嗎？你認為，花幾千元在一個豪華餐廳裡吃一餐很划算，因為聽說餐廳提供高級波爾多葡萄酒、自製義大

利通心粉、新鮮蔬菜沙拉配上適量的蒜泥調味汁，提拉米蘇蛋糕鬆軟可口，讓人讚不絕口。

可是，如果……如果每道菜都讓你不滿意，例如，酒已變味，通心粉煮得爛糊糊的，生菜沙拉裡放了太多蒜泥，讓你吃得一嘴蒜臭，不敢跟約會的朋友開口，提拉米蘇蛋糕又硬又乾，那就更不用說了。

餐後，老闆親自走上來，拍拍你的肩膀問：「怎麼樣，吃得還滿意嗎？」

你會回答：「還好！」

不必疑惑為什麼每個人都回答「還好」，反正人就是如此。

如果換個說詞呢？假設老闆問：「有什麼需要改進的地方嗎？」

這種坦然的問話會讓你開口，你會說：「葡萄酒發酸，通心粉黏糊糊的，提拉米蘇蛋糕又硬又乾，最糟的就是生菜沙拉，你們的廚師到底懂不懂『適量的蒜味』是什麼意思？」

這些話聽起來很刺耳，但是老闆已表明態度，他很在意自己的餐廳，期待你將這一餐的真正的感受表達出來。而你照實說了，這等於是給他改善不足的機會。

他可能會如此回答：「服務不佳，實在是非常對不起，你能說出真切感受，真是非常感激。請給我機會表達歉意。我們的大廚感冒，餐廳雇用的二廚看來無法達到我們要求的標準，我們會換一個新的。一個星期之內，當我們的大廚回來，盼望你再度光臨，至於今天這一餐，你不用付任何費用。」

你必須用適當的問法，將客戶的真心話引出來。如果客戶發現你的產品或服務有問題，你要設法彌補。只要你有心改善，一定會給客戶留下好印象。如此一來，你的生意就能延續不斷了。記住，不要讓客戶說「還好」，要讓他將心裡的話說出來。

08 認真把握成交信號

在不同的推銷活動中，成交時機的到來常常會伴隨著許多特徵變化和相關信號。作為一名推銷員，應當及時瞭解並捕捉客戶的購買信號，領會客戶流露出來的各類暗示。透過察言觀色，根據客戶的說話方式和臉部表情的變化，判斷出客戶真正的購買意圖。

客戶的購買信號具有很大程度的可測性，客戶在已決定購買但尚未採取購買行動時，或已有購買意向但不十分確定時，常常會不自覺地表露其內在心態。在大多數情況下，客戶決定購買的信號經由行動、言語、表情、姿勢等管道反映出來，推銷人員只要細心觀察便會發現。

最能夠直接透露購買訊息的就是客戶的眼神，若是商品非常具有吸引力，客戶的眼中就會顯現出美麗而渴望的光彩。例如當推銷員說到使用這一項商品可以獲得可觀的利潤，或是節省大筆金錢時，客戶的眼睛如果隨之一亮，就代表客戶的認同點是在獲利上，此時客戶正顯露出他的購買訊息。

你將宣傳資料交給客戶觀看時，若他只是隨便地翻看後就把資料擱在一旁，這說明他對於你的資料缺乏認同，或是根本沒有興趣。反之，若見到客戶的動作十分積極，彷彿如獲至寶一般地頻頻發問與探詢，則是已經浮現購買訊號。當客戶由堅定的口吻轉為商量的語調時，這就是購買的訊號。

另外，當客戶由懷疑的問答用語轉變為驚歎句用語，這也是購買的訊號。例如：「你們的產品可靠嗎？」「你們的服務做得好嗎？」如果變成「使用你們產品之後有沒有保障呢？」「必須多久保養一次？」也都透露出客戶在認同產品後，心中想像將來使用時可能產生的迷失，因此會以問題來替代疑惑，而呈現想要購買的前兆。

當客戶為了細節而不斷詢問推銷員時，這種一探究竟的心態，其實也是一種購買訊號。如果推銷員可以將客戶心中的疑慮一一解釋清楚，而且答案也令其滿意，訂單馬上就會到手，就怕有些客戶會問一些不著

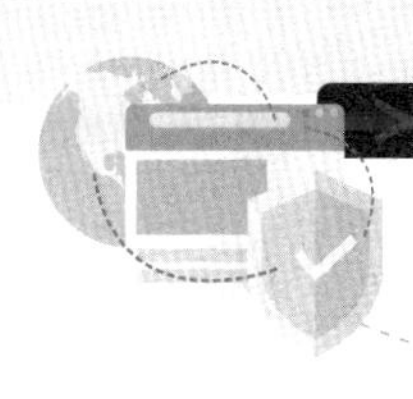

邊際的話來逗你、讓你疲於奔命，或是問一些十分艱澀的問題，企圖用問題來打垮推銷員的信心，此時推銷員必須憑著經驗判斷客戶的用意，並在很快的時間內轉移話題，再導入推銷之中，才能繼續運用先前努力所得到的成果。

在生意場上，一位傑出的推銷員應當在推銷活動的過程中時刻注意觀察客戶，學會捕捉客戶發出的各類購買信號，只要信號一出現，就要迅速轉入敦促成交的工作。有些推銷員認為不把推銷內容講解完畢，不進行操作示範就不能使客戶產生購買欲望，也做不成一樁買賣，這是片面之見。

其實，客戶對產品的具體要求不同，推銷產品對其重要程度也有異，因而客戶決定購買所需的時間也不同。推銷人員只有時刻注意，認真細緻，才不會失去機會。

在推銷成交階段，應根據不同客戶、不同時間、不同情況、不同環境，採取靈活的敦促方式，對不同的購買信號施以相應的引導技巧，進而保證圓滿成交。

09 聽到「考慮一下」時要加油

在推銷員進行建議和努力說服或證明之後，客戶有時會說一句：「知道了，我考慮看看。」

或者是：「我考慮好了再跟你聯繫，請你等我的消息吧！」

顧客說要考慮一下，是什麼意思？是不是表示他真的有意購買，還是現在還沒考慮成熟呢？如果你是這麼認為，並且真的指望他考慮好了再來購買，那麼你可能是一位不合格的推銷員。

其實，對方說「我考慮一下」，乃是一種拒絕的表示，意思幾乎相當於「我並不想購買」。要知道，推銷就是從被拒絕開始的。作為一名推銷員，當然不能在這種拒絕面前退縮下來，正確的做法應該是迎著這種拒絕頑強地走下去，抓住「讓我考慮一下」這句話加以利用、充分發揮自己的韌勁，努力達到商談的成功。

所以，如果對方說：「讓我考慮一下」，推銷員應該以積極的態度盡力爭取，可以用如下幾種回答來應對他的「讓我考慮一下」。

一、我很高興能聽到您說要考慮一下，要是您對我們的商品根本沒有興趣，您怎麼肯去花時間考慮呢？您既然說要考慮一下，當然是因為對我所介紹的商品感興趣，也就是說，您是因為有意購買才會去考慮的。不過，您所要考慮的究竟是什麼呢？是不是只不過想弄清楚您想要購買的是什麼？這樣的話，請儘管好好看清楚我們的產品；或者您是不是對自己的判斷還有所懷疑呢？那麼讓我來幫您分析一下，以便確認。不過我想，結論應該不會改變的，果然這樣的話，您應該可以確認自己的判斷是正確的吧！我想您是可以放心的。

二、可能是由於我說得不夠清楚，以至於您現在尚不能決定購買或還需要考慮。那麼請讓我把這一點說得更詳細一些以幫助您考慮，我想這一點對於您瞭解我們商品的影響是很大的。

三、您是說想找個人商量，對吧？我明白您的意思，您是想要購買的。但另一方面，您又在乎別人的看法，不願意被別人認為是失敗的、錯誤的。您要找別人商量，要是您不幸問到一個消極的人，可能會得到不要買的建議。要是換一個積極的人來商量，他很可能會讓你根據自己的考慮做出判斷。

這兩種人，找哪一位商量會有較好的結果呢？您現在面臨的問題只不過是決定是否購買而已，而這種事情，必須自己做出決定才行，此外，沒有人可以替您做出決定的。其實，若是您並不想購買的話，您就根本不會去花時間考慮這些問題了。

四、先生，與其以後再考慮，不如請您現在就考慮清楚做出決定。既然您那麼忙，我想您以後也不會有時間考慮這個問題的。

這樣，緊緊咬住對方的「讓我考慮一下」的口實不放，不去理會他的拒絕的意思，只管借題發揮、努力爭取，盡最大的可能去反敗為勝，這才是推銷之道。

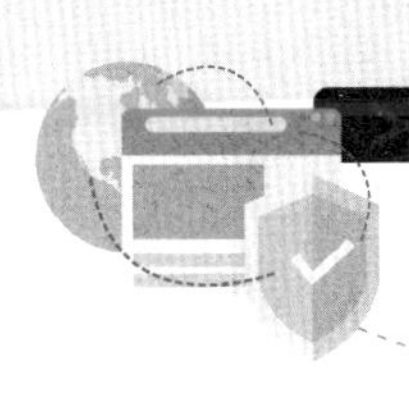

IO

成交之後再成交

一個朋友講了前段時間他到一個茶莊買茶的經過。

這個朋友雖然喝茶已有二十年的歷史，可是對茶葉並不內行，他唯一的概念就是：越貴的一定越好。

一走進店內，他就向店主說：「老闆，我要買一斤清茶，還要最貴的。」店主看了看說：「別急，我先倒三杯給您嘗嘗，因為最貴的不一定合您的口味。」說完，老闆倒了三杯不同的茶請朋友品嘗，然後，他問哪一種最合意。

最後，朋友告訴他中間那一杯最好喝，於是，朋友買了中間那一種清茶：一斤八百元。

店主在結帳時告訴他說：「貴，並不一定是最好的，我店裡的清茶最貴的是一斤兩千元，也就是您品嘗過的第一杯。茶的好壞要由顧客自己去決定，您認為最合口味的，那就是最好的，哪怕一斤兩、三百元。」

從此，這位朋友便時不時地光臨這家老茶莊。而且還把故事講給朋友們聽，好多朋友也都成了這家茶莊的常客。

最成功的推銷是從長遠考慮，不賺一時之利，為顧客找出最適當、最好的產品，往往能賺得顧客一生的光顧。

並不是每個顧客都需要而且買得起高檔產品，買得起高檔產品的顧客也並不是只需要和永遠需要高檔產品。雜貨店的老闆不會需要大型、高精密度的每秒運轉速度達十億次的電腦，他也不一定買得起這樣的電腦。即使他買了你的電腦，也不會給他帶來比一台計算機更多的益處。你向他推銷這種電腦只是給老闆帶來了不必要的負擔和損失。

為顧客著想，整體來說是不要總向他們推銷高檔的產品。如果你對此不注意，不重視，顧客就會懷疑你的推銷動機，就會認為你之所以這樣做完全是為了增加個人收入。

在同時向顧客推銷幾種產品的情況下，不要一開口就介紹你的高檔產品。但是，如果你從蛛絲馬跡中發現顧客確實需要某種高檔產品時，就應該不失時機地向顧客介紹。

其次，在價格上漲時要事先向顧客打招呼。但千萬不要不向顧客打招呼時，就突然宣佈你的產品價格上漲。如果你的一位常客一直向你訂購產品，而你的產品價格需要調高，就應當儘快告訴他，並且要向他講清楚調高價格的理由，如果你事先不把漲價的事告訴顧客，直到他拿到付款通知單時才讓對方知道，他就會發牢騷，以至失去對你的信任。

推銷員必須要信守諾言。君子一言，駟馬難追。你要以自己的言行博得顧客對你的信任，並且相信他的權益也會由於你信守諾言而得到保護。令人痛心的是，許多保證不過是一紙空文。如果書面保證在執行中受到限制，你應當提前向顧客解釋清楚。

II

重視每一個客戶

原一平最初開始推銷的時候，就下定決心每年都要拜訪一下他的每一位客戶。

其實，無論客戶多大還是多小，都應一視同仁。每一位客戶都值得你去盡心地服務。在保險這一行裡，你必須這樣做。這也正是保險公司代理不同於其他行業代理的特點之一。但是，就銷售產品這一點而言，各行各業都一樣。

當原一平向他家鄉大學的一名地質系學生推銷價值一萬日幣的生命保險時，他便與原一平簽訂了終身服務合同。這名地質系學生畢業之後，進入了地質行業工作，原一平又向他售出了價值一萬日幣的保險。

後來，他又轉到別的地方工作，他到哪都是一樣的。原一平每年至少跟他聯繫一次，即使他不再從原一平這裡買保險，仍然是原一平畢生

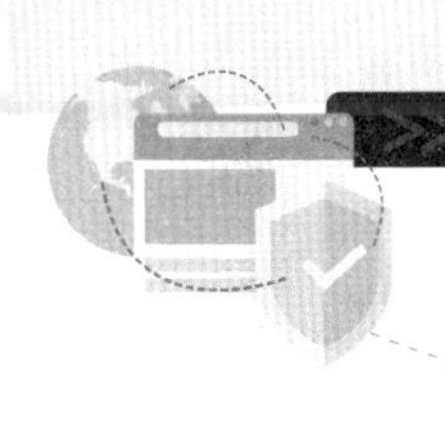

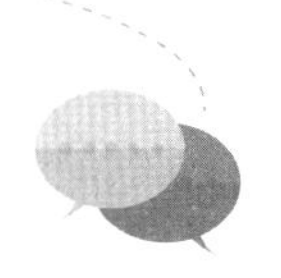

的客戶。只要他還可能購買保險，原一平就必須不辭辛勞地為他提供服務。

有次他參加一個雞尾酒會。有位客人突然痙攣起來了，這個年青人由於學過一點護理常識，因而自告奮勇，救了這位客人一命。而這位客人恰恰是一位千萬富翁，於是便請這位年青人到他公司工作。

幾年之後，這位大富翁準備貸一大筆錢用於房地產投資。他問這位年青人，「你認識一些與大保險公司有關的人嗎？我想貸點錢。」

這位年青人馬上就想起原一平，便打電話問他，「我知道你的保險生意很大，能否幫我老闆一下。」

「有什麼麻煩嗎？」原一平問。

「他想貸兩千萬日幣的款項用於房地產投資，你能幫他嗎？」

「可以。」

「順便說一下，」他補充說：「我的老闆不希望任何本地人知道他的行動，這也正是他找你的原因，記住，保守祕密。」

「我懂，這是我工作的一貫原則。」原一平解釋說。

在他們掛斷電話之後，原一平打了幾通電話給一些保險公司，並安排其中一位與這位商人進行會面，不久以後，這人便邀請原一平去他的遊艇參觀，那天下午，原一平向他賣出了價值兩千萬日幣的保險。這是當時原一平曾經做過的最大一筆生意。

注意要重視你的小客戶，向他們提供與大客戶平等的服務，一視同仁。每位客戶，無論是大是小，都是你的上帝，應享受相同的服務。小客戶慢慢發展，有朝一日也會成功，也會成為潛在的大客戶。小客戶會向你介紹一些有錢人，進而帶來大客戶。

美國學識最淵博的哲學家約翰・杜威說：「人類心中最深遠的驅策力就是希望具有重要性。」每一個人來到世界上都有被重視、被關懷、被肯定的渴望，當你滿足了他的要求後，他被你重視的那一方面就會煥發出巨大的熱情，並成為你的朋友。

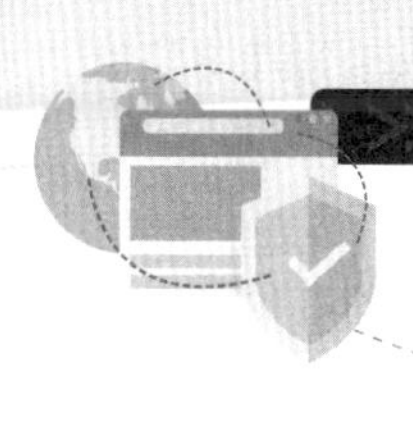

12
穩住你的老客戶

老顧客（如批發商、零售商）總是擔負著公司產品推銷的重任，是支撐公司賴以生存的重要力量，推銷員要不斷地跟他們接觸交往，確保交易的繼續，千萬不能怠慢了老顧客。

優秀推銷員都知道確保老顧客非常重要，但在實際行動上卻往往草率從事，馬馬虎虎，怠慢老顧客。一旦交易成功，就容易產生贏得自己用的棋子一樣的錯覺。把精力全部集中在開發新市場方面，在接待老顧客時也不那麼講究了，不像開始時那樣客氣謙虛，說話粗聲大氣，態度也變得傲慢起來。這樣做的後果是很可怕的。

要當心競爭對手正窺視你的老顧客。同行的競爭對手正在對你已經獲得的客戶虎視眈眈，不！是千方百計竭盡全身力氣以圖取而代之。你對老客戶在服務方面的怠慢可使競爭對手有可乘之機，如不迅速採取措施，照此下去，用不了多久你就要陷入危機之中。

已經得到的市場一旦被競爭對手奪走，要想再奪回來可就不那麼容易了。老顧客與你斷絕關係多半是因為你傷了對方的感情。一旦如此，要想重修舊好，要比開始時困難得多。因此，推銷員要一絲不苟地對競爭對手採取防衛措施，千萬不要掉以輕心。

如果競爭對手利用你對老顧客的怠慢，以相當便宜的價格向老顧客供貨，但尚未公開這麼做時，你馬上採取措施還來得及。你要將上述情況直接向上司彙報，研究包括降價在內的相關對策。必須在競爭對手尚未公開取而代之前把對方擠走。

當老顧客正式提出與你終止交易時，往往是競爭對手已比較牢固地取代本公司之後的事情了，問題已相當嚴重，要想挽回已為時過晚，想立即修好，恢復以往的夥伴關係更是相當困難了。這個時候的經辦推銷員如果惱羞成怒，和對方大吵大鬧，或哭喪著臉低聲下氣地哀求都是下策，以雙方之間未完事項對對方出難題也很不高明。被取代的理由不管有多少，歸根結底都是經辦推銷員的責任。推銷員要具有把被奪走的市

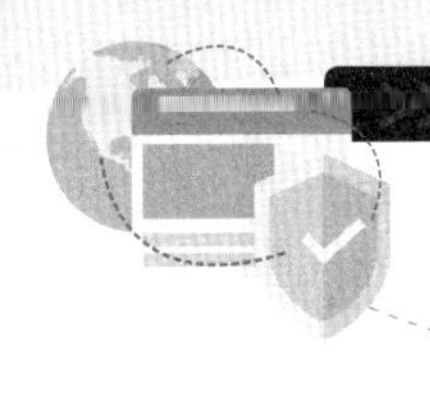

場再奪回來的戰鬥精神。

不過，急於求成，採用以毒攻毒的辦法壓低價格或揭露競爭對手的短處千萬使不得。聰明的辦法是坦率老實地承認自己敗北，並肯定競爭對手的一些長處，同時心平氣和地請求對方「哪怕少量地、象徵性地也成，請繼續保持交易關係。」在這種情況下，即使對方態度冷淡不加理睬也要耐心地說服對方，自己要不動聲色地忍耐一切。

作為一位專業推銷員，往往是在忍受屈辱的磨鍊中成長起來的。只要耐著性子，不知不覺地使對方感到你的誠意，就會把競爭對手擠走。當已佔領的市場被競爭對手奪走時，必須從競爭對手手裡再奪回來。這是推銷員責無旁貸的義務。雖然如此，一流的推銷員應當是防患於未然，而不是亡羊補牢。

叫我第1名

事半功倍的銷售成交術

CHAPTER 5

向金牌推銷員學習

01 愛心是一筆偉大的財富

在《世界上最偉大的推銷員》一書中，作者講述了一位名叫海菲的少年，一心想要推銷掉一件上好的袍子，好有機會成為成功的商人，和自己心愛的女孩在一起，可是最終他卻把這樣一件對自己意義重大、十分珍貴的袍子送給了一個在山洞中凍得發抖的嬰孩。

正是少年這種善良的本性，感動了上蒼，他最終得到了十張珍貴的羊皮卷，上面寫著有關於推銷藝術的所有祕訣，讓這位少年最終成為世界上最偉大的推銷員，並建立起了顯赫的商業王國。

這就是愛的力量，唯有愛才是幸福的根源，唯有愛才是令你成功的最深層動力。為此，你若想追求幸福，就請慷慨地向人間遍灑你的普世之愛吧。

在羊皮卷中這樣寫道：

向金牌推銷員學習

「我要用全身心的愛迎接今天。因為這是一切成功的最大祕訣。武力能夠劈開一塊盾牌，甚至毀掉生命，唯有愛才具有無與倫比的力量，使人們敞開心靈。在擁有愛的藝術之前，我只是商場上的無名小卒，要讓愛成為自己最重要的武器，沒有人能抗拒它的威力。

我的觀點，你們也許反對；我的話語，你們也許懷疑；我的穿著，你們也許不贊成；我的長相，你們也許不喜歡；甚至我廉價出售的商品都可能使你們將信將疑，然而我的愛心一定能溫暖你們，就像太陽的光熱能融化冰冷的大地。

我將怎樣面對遇到的每一個人呢？只有一種辦法，我將在心裡深深地為你祝福。這無言的愛會湧動在我的心裡，流露在我的眼神裡，令我嘴角掛上微笑，在我的聲音裡引起共鳴。在這無聲的愛意裡，你的心扉向我敞開了。你不再拒絕我推銷的貨物。」

這便是愛的力量，它是你擁有成功的最珍貴的東西。世界不能沒有愛，愛對於我們就像空氣、陽光和水。愛是一宗大財產，是一筆寶貴的資源，擁有了這種財產和資源，人生就會變得富有幸福，就會步入成功的頂峰。

銷售是和人打交道的工作，推銷員必須具有愛心，才能得到顧客的認可，走向成功。如果成為客戶信任的推銷員，你就會受到客戶的喜愛信賴，而且能夠和客戶形成親密的人際關係。一旦形成這種人際關係，有時客戶會只因顧你的情面，自然而然地購買商品。而要形成這種關係，就要求推銷員具有愛心，注意一些尋常小事。

搬家後不久，翰森還不滿四歲的兒子波利在一天傍晚突然失蹤了。全家人分頭去尋找，找遍了大街小巷，依然毫無結果。他們的恐懼感越來越深。於是，他們報了警，幾分鐘後，員警也配合他們一起尋找。

翰森開著車子到商店街去尋找，所到之處，他不斷地打開車窗呼喚波利的名字。附近的人們注意到他的這種行為，也紛紛加入尋找行列。

為了看波利是否已經回家，翰森不得不多次趕回家去。有一次回家看時，他突然遇到了地區保全公司的人，翰森懇求說：「我兒子失蹤了，能否請您幫忙找找看？」此時卻發生了難以令人置信的事情——那人竟然做起了巡迴服務推銷！

儘管翰森氣得目瞪口呆，但那人還是照舊推銷。幾分鐘後，翰森總算打斷了那人的話，怒不可遏地對那人說：「你如果幫我找到兒子，我就會和你談巡迴服務問題」。

波利終於找到了，但那位推銷員的推銷卻仍未成功。倘若那人當時能主動幫助翰森尋找孩子，二十分鐘後，他就能夠得到推銷史上最容易得到的交易。有的推銷員認為愛心對推銷無關緊要，這是錯誤的觀點，正是因為你的愛心，客戶才可能信任你，進而買你的產品，使你的推銷成功。

02 面對拒絕要堅持不懈

推銷員經常會遇到「不」，面對顧客的拒絕，如果轉頭就走，你一定不是個優秀的推銷員。優秀的推銷員都是從顧客的拒絕中找到機會，最後達成交易的。

齊藤竹之助遭拒絕的經歷太多了。有次，靠老朋友的介紹，他去拜見另一家公司的總務科長，談到保險問題時，對方說：「我們公司裡有許多幹部反對加入保險，所以我們決定，無論誰來推銷都一律回絕。」

「能否將其中的原因對我講講？」

「這倒沒關係。」於是，對方就其中原因做了詳細的說明。

「您說的的確有道理，不過，我想針對這些問題寫篇論文，並請您過目，請您給我兩周的時間。」臨走時，齊藤竹之助問道：「如果您看了我的文章感到滿意的話，能否予以採納呢？」

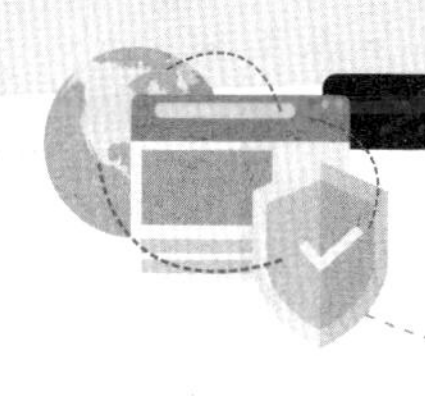

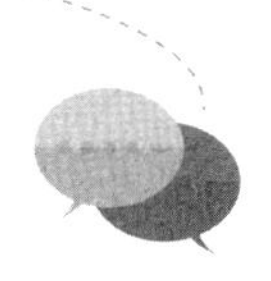

「當然，我一定向公司領導階層建議。」

齊藤竹之助連忙回公司，向有經驗的老手們請教，又接連幾天奔波商工會所調查部、上野圖書館、日比谷圖書館之間，查閱過去三年間的《東洋經濟新報》、《鑽石》等有關的經濟刊物，終於寫了一篇蠻有把握的論文，並附有調查圖表。

兩星期之後，他再去拜見那位總務科長，科長對他的文章非常滿意，把它推薦給總務部長和經營管理部長，進而使推銷獲得了成功。

齊藤竹之助深有感觸地說：「推銷就是初次遭到顧客拒絕後的堅持不懈。也許你會像我那樣，連續幾十次、幾百次地遭到拒絕。然而，就在這幾十次、幾百次的拒絕之後，總有一次，顧客將同意採納你的計劃。為了這僅有一次的機會，推銷員在做著殊死的努力，推銷員的意志與信念就顯現於此。

即使你遭到顧客的拒絕，還是要堅持繼續拜訪。如果不再去的話，顧客將無法改變原來的決定而採納你的意見，你也就失去了銷售的機會。」

03 自信是成功的第一祕訣

每當海菲在推銷商品的過程中遇到挫折時，他會想：我是世上獨一無二的，我是上帝創造的傑作和奇蹟，即使當我屢被拒絕，請將這神靈的羊皮卷賜予我，我是自然界偉大的奇蹟，我將永遠不再自憐自賤，從今天起，我要加倍重視自己的價值。

因為他堅信「羊皮卷」中的真言乃是神的諭旨，於是他毫無顧忌地大聲誦讀起來：「我相信，我是自然界最偉大的奇蹟。

我不是隨意來到這個世間的。我生來應為高山，而非草芥。從今天起，我要傾盡全力成為群峰之巔，發揮出最大的潛能。

我要汲取前人的經驗，瞭解自己以及手中的貨物，這樣才能更大程度地增加銷量。我要斟酌詞句，反復推敲推銷時用的語言，因為這關係到事業的成敗。我知道，許多成功的推銷員，其實只有一套說詞，卻能使他們無往不利。我還要不斷改進自己的儀表和風度，因為這是最能吸引別人的關鍵。從今天起，我永遠不再自憐自賤。」

每個人的內心都有一座寶藏，只有找到開啟寶藏的鑰匙，才能把潛能開發出來，而自信，是唯一一把開啟你內心寶藏的鑰匙。

艾爾墨惠勒受某公司之聘擔任推銷顧問，負責銷售的經理讓他注意一件非常引人注目的事：有位推銷員，不管被公司派到什麼地方，也不管給他定多少傭金，他平均所得總是賺夠五千美元，不多也不少。

因為這個推銷員在一個較小的推銷區做得不錯，公司就派他到一個更大、更理想的地區。可是第二年他抽得的傭金數與在小區域的時候完全一樣是五千美元。第三年公司提高了所有推銷員的傭金比例，但這位推銷員還是只賺了五千美元。公司又派他到一個最不理想的地方，他照樣拿到五千美元。

惠勒跟這個推銷員談過話後發現，問題的癥結不在於推銷區域，而在於他的自我評價。他認為自己是個「每年賺五千美元」的人。有這個概念後，外在環境似乎對他就沒有什麼影響了。

被派到不理想的地區時，他會為五千美元而努力工作；被派到條件好的地區時，只要達到五千美元，他就有各種藉口停步不前了。有次目標達到之後，他就生了病，那一年什麼工作也沒有再做。醫生並沒有找到生病的原因，而且，第二年一開始，他又奇蹟地恢復了健康。

所以，不管你是什麼人，不管你自認為多麼失敗，你本身仍然具有才能和力量去做使自己快樂而成功的事，開啟自身寶藏大門的金鑰匙就在自己的掌握之中。你現在就有力量做你從來不敢夢想的事，只要能改變自己「不能」的信念，你馬上就能得到這種力量。

你要儘快地從「我不行」，「我不配」和「我不應該得到」等自我限制的觀念所施行的催眠中清醒過來。以充沛的自信的精神發掘你的成功人生。自信是每個成功人士最為重要的特質之一。信心是獲得財富、爭取自由的出發點。有句諺語說得好：「必須具有信心，才能真正擁有。」

世界酒店大王希爾頓用二百美元創業起家，有人問他成功的祕訣，他說：「信心。」

拿破崙希爾說：「有方向感的自信心，令我們每一個意念都充滿力

量。當你有強大自信心去推動你的致富巨輪時，你就可以平步青雲。」

美國前總統雷根在接受《SUCCESS》雜誌採訪時說：「創業者若抱有無比的信心，就可以締造一個美好的未來。」

自信可以讓我們成為所希望的那樣，自信可以讓我們心想事成。

只有先相信自己別人才會相信你，多諾阿索說：「你需要推銷的首先就是你的自信，你越是自信，就越能表現出自信的品質。」一個人一旦在心中把自己的形象提升之後，其走路的姿勢、言談、舉止，無不顯示出自信、輕鬆和愉快，從氣勢上表現出可以自己做主並且衝勁十足、熱情高漲、熱心助人。而一個衝勁十足、熱情高漲、熱心助人的人絕對擁有成功的資本。

「信者」為「儲」，不信者即無儲，不自信就自卑，自卑就會恐懼……所以缺乏自信帶來的後果是非常可怕的。如果沒有堅定的自信去勇於面對責難和嘲諷，去不斷地嘗試著動搖傳統和挑戰權威，那麼愛迪生不可能發明電燈，莫爾斯不可能發明電報，貝爾不可能發明電話……

居里夫人說：「我們的生活都不容易，但是那有什麼關係？我們必須有恆心，尤其要有自信心，我們的天賦是用來做某件事情的，無論代價多麼大，這種事情必須做到。」

湯姆生下來的時候只有半隻左腳和一隻畸形的右手，父母從不讓他因為自己的殘疾而感到不安。結果，他能做到任何健全男孩所能做的事：如果童子軍團行軍十公里，湯姆也同樣可以走完十公里。

後來他學踢橄欖球，發現自己能把球踢得比在一起玩的男孩子都遠。他請人為他專門設計了一隻鞋子，參加了踢球測驗，並且得到了衝鋒隊的一份合約。

但是教練卻儘量婉轉地告訴他，說他「不具備做職業橄欖球員的條件」，勸他去試試其他的事業。最後他申請加入新奧爾良聖徒球隊，並且請求教練給他一次機會。教練雖然心存懷疑，但是看到這個男子這麼自信，對他有了好感，因此就留下了他。

兩個星期之後，教練對他的好感加深了，因為他在一次友誼賽中踢出了五十五碼並且為本隊得了分。這使他獲得了專為聖徒隊踢球的工作，而且在那一季中為他的球隊得了九十九分。

他一生中最偉大的時刻到來了。那天，球場上坐了六萬名球迷。球是在二十八碼線上，比賽只剩下幾秒鐘。這時球隊把球推進到四十五碼線上。「湯姆，進場踢球！」教練大聲說。

當湯姆進場時，他知道他的隊距離得分線有五十四碼遠。球傳接得很好，湯姆一腳全力踢在球身上，球筆直地向前下去。但是踢得夠遠嗎？六萬名球迷屏住氣觀看，球在球門橫杆之上幾英寸的地方越過，接著終端得分線上的裁判舉起了雙手，表示得了三分，湯姆的球隊以十九：十七獲勝。球迷狂呼高叫為踢得最遠的一球而興奮，因為這是只有半隻左腳和一隻畸形手的球員踢出來的！

「真令人難以相信！」有人感歎道，但是湯姆只是微笑。

他想起他的父母，他們一直告訴他的是他能做什麼，而不是他不能做什麼。他之所以創造這麼了不起的紀錄，正如他自己說的：「他們從來沒有告訴我，我有什麼不能做的。」這就是自信。

04 熱情是行動的信仰

當海菲憑藉他的自信與堅持，贏得了人生無數的勝利之後，他對於推銷這一工作充滿了熱愛，他不再懷疑自己當初是否適合做一名推銷員，現在，他確信自己很適合這份工作，而且憑藉他的能力，他一定會成為「世上最偉大的推銷員」。

為此，他總是滿懷熱情地迎接人生的每一天。

他感到自己的變化，他用快樂與自信代替了自憐與恐懼。當他邁進新的一天時，他有了三個新夥伴：自信、自尊和熱情。自信使他能夠應付任何挑戰，自尊使他表現出色，而熱情是自信和自尊的根源。

歷史上任何偉大的成就都可以稱為熱情的勝利，沒有熱情，不可能成就任何偉業，因為無論多麼恐懼、多麼艱難的挑戰，熱情都賦予它新的含義。沒有熱情，人註定要在平庸中度過一生；而有了熱情，人將會

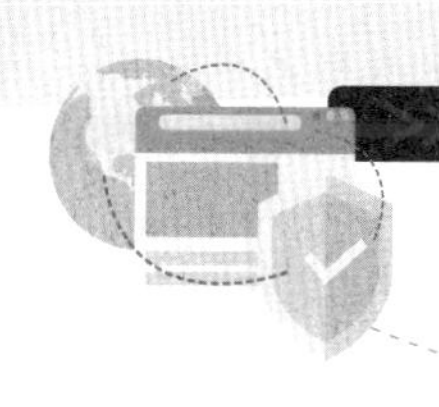

創造奇蹟。

在海菲的心中，熱情是世界上最大的財富。它的潛在價值遠遠超過金錢與權勢。熱情摧毀偏見與敵意，摒棄懶惰，掃除障礙。他認識到，熱情是行動的信仰，有了這種信仰，人們就會無往不利。

熱忱可以使人成功，使人解決似乎難以解決的難題；同理，沒有熱忱就不會成功，很多活生生的例子就說明了這一點。

「十分錢連鎖商店」的創辦人查理斯華爾渥滋說過：「只有對工作毫無熱忱的人才會到處碰壁。」查理斯史考伯則說：「對任何事都沒有熱忱的人，做任何事都不會成功。」

當然，這不能一概而論，譬如一個對音樂毫無才氣的人，不論如何熱忱和努力，都不可能變成一位音樂界的名家。但凡是具有必需的才氣，有著可能實現的目標，並且具有極大熱忱的人，做任何事都會有所收穫，不論物質上或精神上都是一樣。

關於這點，我們可以引用著名的人壽保險推銷員法蘭克派特的一些話加以說明。

以下是派特在他的著作中所列出的一些經驗之談：

「當時是一九〇七年，我剛轉入職業棒球界不久，遭到有生以來最大的打擊，因為我被開除了。我的動作無力，因此球隊的經理有意要我走人。他對我說：『你這樣慢吞吞的，哪像是在球場混了二十年。法蘭克，離開這之後，無論你到哪做任何事，若不提起精神來，你將永遠不會有出路。』

本來我的月薪是一百七十五美元，離開之後，我參加了亞特蘭斯克球隊，月薪減為二十五美元。薪水這麼少，我做事當然沒有熱情，但我決心努力試一試。待了大約十天之後，一位名叫丁尼密亨的老隊員把我介紹到新英格蘭去。在新英格蘭的第一天，我的一生有了個重要的轉變。

因為在那個地方沒有人知道我過去的情形，我就決心變成新英格蘭最具熱忱的球員。為了實現這點，當然必須採取行動才行。

我一上場，就好像全身帶電。我強力地投出高速球，使接球的人雙手都麻木了。記得有一次，我以強烈的氣勢衝入三壘，那位三壘手嚇呆了，球漏接，我就盜壘成功了。當時氣溫高達華氏一百度，我在球場奔

來跑去，極可能中暑而倒下去。

這種熱忱所帶來的結果，真令人吃驚：我心中所有的恐懼都消失了，發揮出意想不到的技能；由於我的熱忱，其他的隊員跟著熱忱起來；我不但沒有中暑，在比賽中和比賽後，還感到從沒有如此健康過。

第二天早上，我看到報紙的時候，興奮得無以復加。報上說：『那位新進的派特，無疑是個霹靂球，全隊的人受到他的影響，都充滿了活力。他們不但贏了，而且是本季最精彩的一場比賽。』

由於熱忱的態度，我的月薪由二十五美元提高為一百八十五美元，多了七倍。往後的二年，我一直擔任三壘手，薪水加到三十倍之多。為什麼呢？就是因為一股熱忱，沒有別的原因。」

後來派特的手臂受了傷，不得不放棄打棒球。

接著，他到菲特列人壽保險公司當保險員，整整一年多都沒有什麼成績，因此很苦悶。但後來他又變得熱忱起來，就像當年打棒球那樣。

再後來，他成了人壽保險界的大紅人，不但有人請他撰稿，還有人請他演講自己的經驗。他說：「我從事推銷已經三十年了，我見到許多人，由於對工作抱著熱忱的態度，使他們的收入成倍數地增加起來；我也見到另一些人，由於缺乏熱忱而走投無路。我深信唯有熱忱的態度，才是成功推銷的最重要因素。」

如果熱忱對任何人都能產生這麼驚人的效果，對你我也應該有同樣的功效。所以，可以得出如下的結論：熱忱的態度，是做任何事必需的條件，我們都應該深信此點。任何人，只要具備這個條件，都能獲得成功，他的事業，必會飛黃騰達。

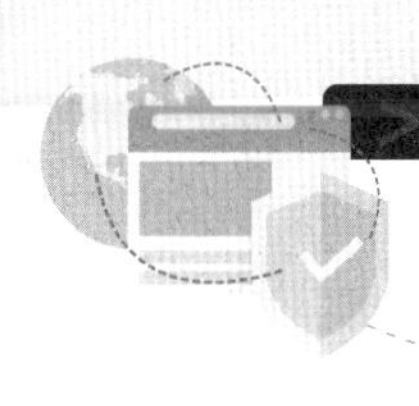

05

浪費時間等同於揮霍生命

當海菲已經是當地很有名的一位推銷員時，有時也在考慮一個問題：如何使我的生命延長，如何增加人生的價值，創造更多的財富呢？於是，他大膽設想，假如今天是我生命中的最後一天，我會怎麼辦？我要如何利用這最後、最寶貴的一天呢？

這時，他會在「羊皮卷」中尋求答案：

這是我生命僅有的一天，是現實的永恆。我像被赦免死刑的罪犯，用喜悅的淚水擁抱新生的一天。我舉起雙手，感謝這無比珍貴的一天。當我想到昨天和我一起迎接朝陽的朋友，今天已不復存在時，我為自己的倖存，感激上帝。

我是十分幸運的人，今天的時光是額外的獎賞。許多成功者都先我而去，為什麼我得到這額外的一天？是不是因為他們已大功告成，而我尚在旅途行走？如果這樣，這是不是成就我的一次機會，讓我功成名就？上帝的安排是否別具匠心？今天是不是我超越他人的機會？

對任何人而言，生命只有一次，而人生也不過是時間的累積。如果讓今天的時光白白流逝，就等於毀掉人生最後一頁。因此，我要倍加珍惜今天的分分秒秒，因為它們將如流水一去不復返。

我無法把今天存入銀行，明天再來取用。時間像風一樣無法抓住。此刻的一分一秒，我要用雙手捧住，用愛心去撫摸，因為它們彌足寶貴。沒有人能計算時間的價值，因此它們是無價之寶！

看完這些海菲心潮澎湃，他意識到時間的珍貴，他開始珍惜此刻的分分秒秒，絕不浪費一點光明，抓住了時間之手的他，就抓住人生的命脈，也抓住人生的成功。

時間是最容易取得的資源，因為容易取得，所以我們也就容易輕視它的存在而恣意浪費，這種習慣會降低我們生存的價值。以最簡單的數學概念來計算，如果我們每天浪費一小時，一年下來就浪費了三百六十五小時，一天二十四小時中扣除八小時的休息時間，以十六小時當作一天

來計算，三百六十五個小時等於二十二天，十年下來就有二百二十天，大約等於浪費了一年的可用時間，所以一個活到七十歲的人若是每天浪費了一小時，其中就有接近七年的時間是白活了，想起來真是十分可怕的事！我們還能毫無限制地讓時間溜走而不懂得把握嗎？

推銷員是可以自由支配自己時間的人，如果自己沒有時間概念，不能有效地管理好自己的時間，那麼推銷的成功就無從談起。

在美國近代企業界，與人接洽生意能以最少時間產生最大效率的人，非金融大王摩根莫屬。為了珍惜時間，他招致了許多怨恨。

摩根每天上午九點三十分準時進入辦公室，下午五點回家。有人對摩根的資本進行了計算後說，他每分鐘的收入是二十美元，但摩根說好像不止這些。所以，除了與生意上有特別關係的人商談外，他與人談話絕不在五分鐘以上。

通常，摩根總是在一間很大的辦公室，與許多員工一起工作，他不是一個人呆在房間裡工作。摩根會隨時指揮他手下的員工，按照他的計劃去行事。如果你走進他那間大辦公室，是很容易見到他的，但如果你沒有重要的事情，他是絕對不會歡迎你的。

摩根能夠輕易地判斷出一個人來接洽的目的到底是什麼。當你對他說話時，一切拐彎抹角的方法都會失去效力，他能夠立刻判斷出你的真實意圖。這種卓越的判斷力使摩根節省了許多寶貴的時間。有些人本來就沒有什麼重要事情需要接洽，只是想找個人來聊天，而耗費了工作繁忙的人許多重要的時間。摩根對這種人簡直是恨之入骨。

一位作家在談到「浪費生命」時說：「如果一個人不爭分奪秒、惜時如金，那麼他就沒有奉行節儉的生活原則，也不會獲得巨大的成功。而任何偉大的人都爭分奪秒、惜時如金。」

浪費時間是生命中最大的錯誤，也最具毀滅性的力量。大量的機遇就蘊含在點點滴滴的時間之中。浪費時間是多麼能毀滅一個人的希望和雄心啊！它往往是絕望的開始，也是幸福生活的扼殺者。年輕生命最偉大的發現就在於時間的價值……明天的財富就寄寓在今天的時間之中。

人人都須懂得時間的寶貴，光陰一去不復返。當你踏入社會開始工作的時候，一定是渾身充滿幹勁，你應該把這股幹勁全部用在事業上，

無論你做什麼職業，你都要努力工作，刻苦經營。如果能一直堅持這樣做，那麼這種習慣一定會給你帶來豐碩的成果。

歌德這樣說：「你最適合站在哪裡，你就應該站在哪裡。」這句話是對那些三心二意者的最好忠告。

明智而節儉的人不會浪費時間，他們把點點滴滴的時間都看成是浪費不起的珍貴財富，把人的精力和體力看成是上蒼賜予的珍貴禮物，它們如此神聖，絕不能胡亂地浪費掉。

無論是誰，如果不趁年富力強的黃金時代去培養自己善於集中精力的好性格，那麼他以後一定不會有什麼大成就。世界上最大的浪費，就是把一個人寶貴的精力無謂地分散到許多不同的事情上。一個人的時間有限、能力有限、資源有限，想要樣樣都精、門門都通，絕不可能辦到，如果你想在某些方面取得一定成就，就一定要牢記這條法則。

06 困境讓你更堅強

擁有「羊皮卷」的海菲，人生之路也並非一帆風順。在事業當中，無論付出多大的代價，做出多少的努力，如何堅持不懈，擁有激情，失敗和挫折一樣會降臨到他的頭上，這似乎是上帝創意的安排，但是已經事業有成，人到中年的海菲已有了豐富的閱歷，他已經知道該如何對付逆境，想辦法扭轉局面以及從中走出困境。因為，他總在每一次困境中，尋找成功的萌芽。

他是這樣來看待所謂的「逆境」：逆境是人生中一所最好的學校。每一次失敗，每一次挫折，每一次磨難，都孕育著成功的萌芽。這一切都教會他在下一次的表現中更為出色。他不會對失敗耿耿於懷，不會逃避現實，不會拒絕從以往的錯誤中吸取教訓。

教訓是來自苦難的精華，生活中最可怕的事情是不斷重複同樣的錯

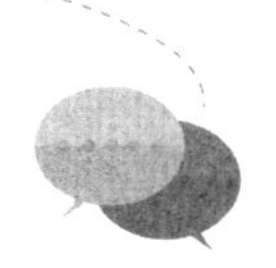

誤。每個人都要避免發生這樣的事情，逆境往往是通向真理的重要路徑。為了改變處境，他隨時準備學習所需要的一切知識。

無論何時，當他被可怕的失敗擊倒，在每次的痛苦過去後，他要設法將失敗變成好事。人生的機遇就在這一刻閃現……這苦澀的根脈必將迎來滿園的豐收。

深山有兩塊石頭，第一塊石頭對第二塊石頭說：

「去經歷路途的艱險坎坷和世事的磨難吧，能夠拼一拼，不枉來此世一遭。」

「不，何苦呢，」第二塊石頭嗤之以鼻，「安坐高處一覽眾山小，周圍花團錦簇，誰會那麼愚蠢地在享樂和磨難之間選擇後者，再說，那路途的艱險會讓我粉身碎骨的！」

於是，第一塊石頭隨山溪滾湧而下，歷盡了風雨和大自然的磨難，它依然執著地在自己的路途上奔波。第二塊石頭譏諷地笑了，它在高山上享受著安逸和幸福，享受著周圍花草簇擁的暢意抒懷。

許多年以後，飽經風霜、歷盡塵世之千錘百煉的第一塊石頭和它的家族已經成了世間的珍品、石藝的奇葩，被千萬人讚美稱頌。第二塊石頭知道後，有些悔不當初，現在它想投入到世間風塵的洗禮中，然後得到像第一塊石頭那樣的成功和高貴，可是一想到要經歷那麼多的坎坷和磨難，甚至瘡痍滿目、傷痕累累，還有粉身碎骨的危險，便又退縮了。

一天，人們為了更好地珍存那石藝的奇葩，準備修建一座精美別緻、氣勢雄偉的博物館，建造材料全部用石頭。於是，他們來到高山上，把第二塊石頭粉身碎骨，給第一塊石頭蓋起了房子。

孟子云：「生於憂患，死於安樂。」憂患和安逸同樣只是生活方式，但一個可以培育信念，一個只能播種平庸。

動物學家的實驗顯示，狼群的存在使羚羊變得強健，而沒有狼群的威脅，羚羊在舒適的環境下變得弱不禁風，一旦遭遇狼群，只有被吃掉。這個現象同樣適用於人類。

真正的人生需要磨難，遇到逆境就一味消沉的人，是膚淺的；一有不順心的事就惶惶不可終日的人，是脆弱的。一個人不懂得人生的艱辛，就容易傲慢和驕縱，未嘗過人生苦難的人，也往往難當重任。

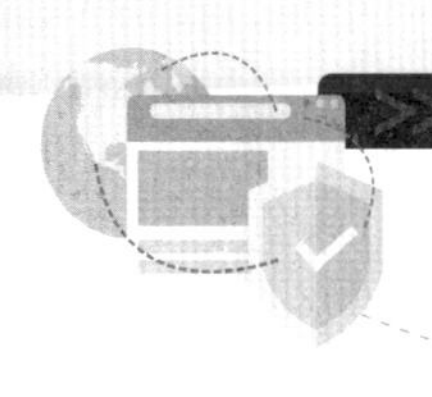

困境對我們每個人都是一種考驗，面對逆境，不同的人會有不同的表現，勇敢地面對它，並努力去解決它，困境會讓你更堅強。

挫折，是一面鏡子，能照見人的污濁；挫折，也是清醒劑，是條鞭子，可以使你在抽打中清醒。挫折，會使你冷靜地反思自責，正視自己的缺點和弱項，努力克服不足，以求一搏；挫折，會使人細細品味人生，反復咀嚼人生甘苦，培養自身悟性，不斷完善自己；挫折，不是一束鮮花，而是一叢荊棘，鮮花雖令人怡情，但常使人失去警惕，荊棘雖叫人心悸，卻使人頭腦清醒。

面對挫折，不能喪志，要重新調整自己的心態和情緒，校正人生的座標和航線，重新尋找和把握機會，找到自己的位置，發出自己的光芒。

07 反省讓你保持清醒

當海菲覺得自己已經可以憑藉毅力、實力和智慧戰勝人生中的困境時，他變得更加從容和自信，但是他始終不敢太過放鬆，他時刻警惕失敗的偷襲，為此，他養成了一個很好的習慣：那就是每天晚上反省當天的行為。

他習慣於晚上熄滅蠟燭之前，回想這一天每時每刻的言行，他要認真反思這一天來經歷的所有的一切。他知道當自己有勇氣勸誡自己、原諒自己時，也就不害怕面對自己任何的錯誤了。

教訓往往被人們當成愚蠢與悲傷的同義語，其實根本不是這樣的；假如他願意並確實從失敗中學習，那麼今天的教訓就會為明天的美好人生打下基礎。

如果你讀過聖經就會知道，上帝要求人們學會反省。新約就有一則這樣的故事：

對基督懷有敵意的巴里賽派人，有天將一個犯有姦淫罪的女人帶到基督面前，故意為難耶穌，看他如何處置這件事。如果依教規處以她死刑，則基督便會因殘酷之名被人攻擊，反之則違反了摩西的戒律。耶穌基督看了看那個女人，然後對大家說：「你們中間誰是無罪的，誰就可以拿石頭打她。」

喧嘩的群眾頓時鴉雀無聲。基督回頭告訴那個女人，說：「我不定妳的罪，去吧！以後不要再犯罪了。」

此則故事告訴我們的是：當要責罰別人的時候，先反省自己可曾犯錯。蘇格拉底說：「沒有經過反省的生命，是不值得活下去的。」有迷才有悟，過去的「迷」，正好是今日的「悟」的契機。因此經常反省，檢視自己，可以避免偏離正道。

傳說著名高僧一燈大師藏有一盞「人生之燈」，這盞燈在當時非常有名，有很多人一直想得到這件寶物。

這可不是一盞普通的燈，這盞燈的燈芯鑲有一顆五百年之久的碩大夜明珠，這顆夜明珠晶瑩剔透，光彩照人。據說，得此燈者，經珠光普照，便可超凡脫俗、超越自我、品性高潔，得世人尊重。

有三個弟子跪拜求教怎樣才能得到這個稀世珍寶。一燈大師聽後哈哈大笑，他對三個弟子講：「世人無數，可分三品：時常損人利己者，心靈落滿灰塵，眼中多有醜惡，此乃人中下品；偶爾損人利己，心靈稍有微塵，恰似白璧微瑕，不掩其輝，此乃人中中品；終生不損人利己者，心如明鏡，純淨潔白，為世人所敬，此乃人中上品，人心本是水晶之體，容不得半點塵埃。所謂『人生之燈』就是一顆乾淨的心靈。」

要認識自己必須依靠自己與別人，自己就是前述的自我剖析，別人就是他人的批評。由於自我剖析往往不夠客觀與深入，因此得依賴他人的批評。

曾有人向哈佛的魯恩教授抱怨說：「我每天都在拼命地工作，一刻也沒閒過，可如此努力為什麼卻總是無法成功？」

正如成功多是內因起作用一樣，失敗也多是自己的缺點引起的。一個人必須懂得不斷反省和檢討自己，改正自己的錯誤，才不會老在原處

打轉或再次被同一塊石頭絆倒；人只有透過「反省」，時時檢討自己，才可以走出失敗的氛圍，走向成功的彼岸。

所謂「反省」，就是反過來省察自己，檢討自己的言行，看自己犯了哪些錯誤，看有沒有需要改進的地方。

人為什麼要自省？這有兩方面的原因，一個是主觀原因，人都不可能十全十美，總有個性上的缺陷、智慧上的不足，而年輕人更缺乏社會歷練，因此常會說錯話、做錯事、得罪人；另一方面是客觀原因。現實生活中，很多人是只說好話，看到你做錯事、說錯話、得罪人也故意不說，因此，這就更需要你自己透過反省來瞭解自己的所作所為。

08 控制情緒是一種能力

晚年的海菲，已是一位事業輝煌、建構起自己強大商業王國之人，每當他回首自己走向「世界最偉大的推銷員」的歷程時，他總是頗有感慨地說：「對於任何一位想成大事的人來說，要學會控制自己，成為自己的主人，才能夠做到不再難與人相處，而且笑對整個世界，笑對人生。」

其實要成大事，還需要你學會控制情緒。怎樣才能控制情緒，以使每天卓有成效呢？除非你心平氣和地面對一切，否則迎來的又將是失敗的一天。花草樹木，隨著氣候的變化而生長，但是你只能為自己創造天氣。你要學會用自己的心態彌補氣候的不足。如果你為顧客帶來風雨、冰霜、黑暗和不快，那麼他們也會報之風雨、冰霜、黑暗和不快，最終他們什麼也不會買。相反，如果你為顧客獻上陽光、溫暖、光明和歡樂，他們也會報之以陽光、溫暖、光明和歡樂，你就能獲得銷售上的成功，

賺取無數的金幣。

大學畢業後，自強應聘到一家公司做助理。剛開始，他很難受，特別是老張、小李什麼的動不動就使喚他去打雜，他就會發無名火，覺得很沒尊嚴，覺得自己被當奴才使喚。不過，事後他冷靜一想，又覺得他們並沒有錯，他的工作就是這些。剛進來時，王經理也這麼事先對他說過，但一旦涉及具體事情，他的情緒就有點失控。有時咬牙切齒地做完某事，又要笑容可掬地向有關人員回報說：「已經做好了！」如此違心的雙面角色，他自己都感到噁心，有幾次還與同事爭吵起來。從此以後，他的日子更不好過了，同事們都不理他，自強在公司裡感到空前的孤獨。

有一天，女祕書不在，王經理便叫自強到他辦公室去整理一下辦公桌，並為他煮一杯咖啡。他硬著頭皮去了。王經理一眼就看出了自強的不滿，一針見血地指出：「你覺得委屈是不是？你有才華，這點我相信，但你必須從這個做起。」

他叫自強先坐下來，聊聊近況。只是自強身旁沒有椅子，不知道自己該坐在哪，總不能與王經理並排在雙人沙發上坐下吧！

這時，王經理意有所指地說：「心懷不滿的人，永遠找不到一張舒適的椅子。」難得見到他如此親切慈祥的面孔，自強放鬆了很多。

手腳忙亂地弄好一杯咖啡後，自強開始整理王經理的桌子，其中有一盆黃沙，細細柔柔的，泛著一種陽光般的色澤。

自強覺得奇怪，不知道這做什麼用的。

王經理似乎看出他的心思。伸手抓了一把沙，握拳，黃沙從指縫間滑落，王經理神祕地一笑：「小子，你以為只有你心情不好，有脾氣？其實，我跟你一樣，但我已學會控制情緒……」

原來，那一盆沙子是用來「消氣」的。

那是王經理一位研究心理學的朋友送的。一旦他想生氣時，可以抓抓沙子，它會舒緩一個人緊張激動的情緒。朋友的這盆禮物，已伴他從青年走向中年，也教他從一個魯莽的打工少年，成長為一名穩重、老練、理性的管理者。

王經理說：「先學會管理自己的情緒，才能管理好其他。」

情緒是人對事物的一種最膚淺、最直觀、最不用腦筋的情感反應。

它往往只從維護情感主體的自尊和利益出發，不對事物做複雜、深遠和智謀的考慮，這樣的結果，常使自己處在很不利的位置上或為他人所利用。本來情感離智謀就已經很遠了（人常常以情害事，為情役使，情令智昏），情緒更是情感的最表面、最浮躁的部分，以情緒做事，焉有理智？不理智，能有勝算嗎？

但是我們在工作、學習、待人接物中，卻常常依從情緒的擺佈，情緒上來了，什麼蠢事都做得出來。比如說，因為一句無關緊要的話，我們便可能與人打鬥，甚至拼命（詩人普希金與人決鬥死亡，便是此類情緒所為）。

又如，我們因別人給我們的一點假仁假義，而心腸變軟，大犯根本性的錯誤（西楚霸王項羽在鴻門宴上心軟，以致放走死敵劉邦，最終痛失天下，便是這種柔弱心腸的情緒所為）。

還有很多因情緒的浮躁、不理智等而犯的過錯，大則失國失天下，小則誤人誤己誤事，事後冷靜下來，自己也會感到其實可以不必那樣。這都是因為情緒的躁動和亢奮，蒙蔽了人的心智所為。

除了日常生活中的這種習慣所為和潛意識所為，戰爭之中，人們有時故意使用這種「激將法」，來誘使對方中計。所謂「激將」，就是刺激你的情緒，讓你在情緒躁動中失去理智，進而犯錯。因為人在心智冷靜的時候，大都不容易犯錯的。

楚漢之爭時，項羽將劉邦父親五花大綁於陣前，並揚言要將劉公剁成肉泥，煮成肉羹而食。項羽意在以親情刺激劉邦，要讓劉邦在父情、天倫壓力下，自縛投降。劉邦很理智，沒有為情所蒙蔽，他戰勝了父子之情，以理智戰勝了一時心緒。他反以項羽曾和自己結為兄弟之由，認定己父就是項父，如果項某殺其父，剁成肉羹，他願分享一杯。劉邦的超然心境和不凡舉動，令項羽所想不到，以致無策回應，只能潦草收回此招。

三國時，諸葛亮和司馬懿祁山交戰，諸葛亮千里而來，勞師動眾欲速戰速決。司馬懿則以逸待勞，堅壁不出，欲空耗諸葛亮士氣，然後伺機求勝。

諸葛亮面對司馬懿的閉門不戰，無計可施，最後想出一招，送一套

女裝給司馬懿，如果不戰乃女子是也。如果是常人，定會受不了此種侮辱，司馬懿卻接受了女裝，還是堅壁不出，連老謀深算的諸葛亮也對他幾乎無計可施。這都是戰勝了自己情緒的例子。

生活中，更多是成為情緒俘虜的。諸葛亮七擒七縱孟獲之戰中，孟獲便是個深為情緒役使的人，他之所以無法勝於諸葛亮，非命也，實人力和心智不及也。諸葛亮大軍壓境，孟獲彈丸之地，不思智謀應對，反以帝王自居，小視外敵，結果一戰即敗，完全不是對手。

孟獲一戰既敗，不坐下慎思，再出制敵招數，卻自認一時晦氣，再戰必勝。再戰，當然又是一敗塗地，如此幾次，把個孟獲氣得渾身顫抖。

又一次對陣，只見諸葛亮遠遠地坐著，搖著羽毛扇，身邊並無軍士戰將，只有些文臣謀士之類，孟獲不及深想，便縱馬飛身上前，欲直取諸葛亮首級。結果，諸葛亮的首級並非輕易可取，身前有個陷馬坑，孟獲眼看將及諸葛亮時，卻連人帶馬墜入陷阱之中，又被諸葛亮生擒。

孟獲敗給諸葛亮，除去其他各種原因，其生性爽直、為情緒左右，也是一個重要的因素。

贏家 33

叫我第一名：事半功倍的銷售成交術！

編　　著　張奕安
出 版 者　大拓文化事業有限公司
執行編輯　林秀如
封面設計　林鈺恆
內文排版　姚恩涵

總 經 銷　永續圖書有限公司
劃撥帳號　18669219
地　　址　22103 新北市汐止區大同路三段一九十四號九樓之一
TEL　(〇二)八六四七—三六六三
FAX　(〇二)八六四七—三六六〇
E-mail　yungjiuh@ms45.hinet.net
網　址　www.foreverbooks.com.tw

CVS代理　美璟文化有限公司
TEL　(〇二)二七二三—九九六八
FAX　(〇二)二七二三—九六六八

法律顧問　方圓法律事務所　涂成樞律師

出 版 日◇二〇一九年八月

國家圖書館出版品預行編目資料

叫我第一名：事半功倍的銷售成交術! / 張奕安編著.
-- 初版. -- 新北市：大拓文化, 民108.08
面；　公分. -- (贏家；33)
ISBN 978-986-411-100-8(平裝)
1.銷售 2.銷售員 3.職場成功法
496.5　　108009312

謝謝您購買 **叫我第一名：事半功倍的銷售成交術！** 這本書！

即日起，詳細填寫本卡各欄，對折免貼郵票寄回，我們每月將抽出一百名回函讀者寄出精美禮物，並享有生日當月購書優惠！

想知道更多更即時的消息，歡迎加入"永續圖書粉絲團"

您也可以利用以下傳真或是掃描圖檔寄回本公司信箱，謝謝。

傳真電話：（02）8647-3660　　信箱：yungjiuh@ms45.hinet.net

☺ 姓名：　　□男　□女　　□單身　□已婚

☺ 生日：　　□非會員　　□已是會員

☺ E-Mail：　　電話：（　）

☺ 地址：

☺ 學歷：□高中及以下　□專科或大學　□研究所以上　□其他

☺ 職業：□學生　□資訊　□製造　□行銷　□服務　□金融

□傳播　□公教　□軍警　□自由　□家管　□其他

☺ 您購買此書的原因：□書名　□作者　□內容　□封面　□其他

☺ 您購買此書地點：　　金額：

☺ 建議改進：□內容　□封面　□版面設計　□其他

您的建議：

剪下後傳真、掃描或寄回至「22103新北市汐止區大同路三段194號9樓之1大拓文化收」